《贡羊品种改良及高效繁育技术集成示范》项目培训教材

XIAN DAI ROU YANG SHENG CHAN JI SHU

# 现代肉羊生产技术

主编 / 李慧贤　孙旭春



甘肃科学技术出版社

甘肃·兰州

图书在版编目（CIP）数据

现代肉羊生产技术 / 李慧贤，孙旭春主编 ；鲁录，孟宪煜副主编. -- 兰州 ： 甘肃科学技术出版社，2024.9
ISBN 978-7-5424-3154-7

Ⅰ. ①现… Ⅱ. ①李… ②孙… ③鲁… ④孟… Ⅲ. ①肉用羊一饲养管理 Ⅳ. ①S826.9

中国国家版本馆CIP数据核字(2023)第230574号

**现代肉羊生产技术**

李慧贤　孙旭春　主　编
鲁　录　孟宪煜　副主编

---

责任编辑　杨丽丽
封面设计　李万军

---

出　版　甘肃科学技术出版社
社　址　兰州市城关区曹家巷1号　730030
电　话　0931-2131575 （编辑部）　0931-8773237 （发行部）

---

发　行　甘肃科学技术出版社　　印　刷　兰州万易印务有限责任公司
开　本　880毫米×1230毫米　1/32　　印　张　8.25　　字　数　200千
版　次　2024年9月第1版
印　次　2024年9月第1次印刷
印　数　1~1800
书　号　ISBN 978-7-5424-3154-7　　定　价　58.00元

---

# 序

XU

近年来，中央和甘肃省委、省政府把发展现代畜牧业作为加快转变农业发展方式、优化调整农业结构，推进农业现代化的有效手段。临夏州委、州政府立足实际，树立了“为牧而农、为工而牧、农牧结合、循环发展”的理念，确立了“政府推动、社会联动、市场拉动、龙头带动”的现代畜牧业发展模式，把牛羊产业作为全州农村经济发展的主导产业和农民增收的优势产业，加快建设体系完整、特色鲜明、布局合理、产业配套、安全高效的现代畜牧业生产体系，牛羊产业在全临夏州经济发展和农民增收中发挥了越来越重要的作用。

在甘肃省、临夏州有关部门支持下，东乡族自治县东沃农牧投资发展有限公司立项实施“甘肃、宁夏优势特色产业提质增效技术集成与示范项目”子项目《贡羊品种改良及高效繁育技术集成示范》，针对东乡族自治县肉羊生产技术相对落后、优质肉羊生产技术体系不健全、种羊繁殖效率低、草料资源利用效率低、标准化养殖水平低、羊肉产品市场竞争力不强等问题，以现有的杂种优势组合模式为基础，优化杂种优势核心类群种质及杂种优势模式，开展基因标记辅助选择育种，规范肉羊原种场、良种场、扩繁场三级体系建设，形成贡羊肉羊繁育体系；引进优质牧草品种，贡羊营养需要和当地饲草料加工技术结合，筛选主推品种，研究提高肉羊繁殖力和利用效率的营养调控和饲养管理技术，研发相应的饲料配方和阶段饲养技术，制定饲草料加工、肉羊分阶段饲养管理技术规程，实现贡羊品种改良和繁殖高效化。以企业为主体，通过课题产、学、研、用相结合，培养实践技能科技服务团队，推动科技成果应用，通过课题实施，培养一支既有理论基础，又有实践技能的人才队伍，将课题示范点养殖户所需、高等院校所能、合作社示范点所有结合起来，运用先进科技、服务平台、地方优势资源，培养当地科技明白人，解决养殖户的技术难题，提高科技知识水平，将科研、技术、资源转化为农民增收的“利器”，加强新型农民、龙头企业培育，发展农民合作社和订单农业，实现肉羊养殖产业化、规模化经营，通过技术集成示范，建设省级、州级“星创天地”，依托科研院所、技术推广机构、合作社，吸引大中专毕业生、返乡农民工、贫困户创新创业，以创业带动肉羊产业发展，以肉羊产业发展推动乡村振兴。《现代肉羊生产技术》的出版就是顺应肉羊产业发展形势，在总结多年来肉羊养殖研究成果和发展经验的基础上，系统完整地介绍了肉羊标准化养殖所涉及的关键技术，教材具有鲜明的区域产业发展特色，内容涵盖理论知识、操作技能、经营管理、产业发展等方面，希望能构建集科学研究与技术示范应用于一体的科研队伍，培训技术人员和高素质农民，提高广大农牧民的生产技术水平，推动肉羊养殖可持续健康发展，在促进区域社会经济的发展上起到积极作用。

甘肃省优秀专家、二级研究员
临夏州拔尖人才、河州工匠　李永智

2024年5月

标准化规模养殖是现代畜牧业发展的必经之路。标准化规模养殖在规范畜牧业生产、保障畜产品有效供给、提升畜产品质量安全水平中均具有重要作用，也是推进畜牧业生产方式尽快由粗放型向集约型转变，促进现代畜牧业持续健康平稳发展的主要措施。

随着国民消费理念的变化和对羊肉营养价值的认识，中国羊肉的市场需求量日益增加。发展养羊业不但可以充分利用农村的闲散劳动力和牧草资源，增加农民收入，而且还可以推动食品、皮革、运输等相关产业的发展，养羊业已经成为中国农村经济发展的支柱产业。但由于目前的肉羊标准化生产水平不高，因此要因地制宜，选用高产优质高效肉羊良种，品种来源清楚、检疫合格，实现品种优良化；养殖场选址布局应科学合理，符合防疫要求，圈舍、饲养与环境控制设备等生产设施设备满足标准化生产的需要，实现养殖设施化；落实养殖场和小区备案制度，制定并实施科学规范的饲养管理规程，使用安全高效的饲料，遵守饲料、饲料添加剂和兽药使用规定，实现生产规范化；完善防疫设施，健全防疫制度，加强动物防疫条件审查，有效防止重大动物疫病发生，实现防疫制度化；畜禽粪污处理方法得当，设施齐全且运转正常，达到相关排放标准，实现粪污处理无害化或资源化利用；依照《中华人民共和国畜牧法》《中华人民共和国动物防疫法》《畜禽养殖业污染防治技术规范》《饲料质量安全管理规范》《兽药管理条例》等法律法规，对畜禽养殖、饲料生产、兽药使用、粪污处理等实施有效监管，从源头上保障畜产品质量安全，实现监管常态化。为此，本书结合生产实践和科研成果，通过深入浅出的文字及直观实用的图片，从肉羊品种、肉羊杂交改良、圈舍建设及设施配套、饲草料生产及利用、饲养管理、疫病防控、粪污无害化处理等方面详细阐述了肉羊标准化养殖技术，具有先进性、实用性和可操作性，对于提高肉羊标准化养殖水平具有重要的指导意义和促进作用。本书涉及的内容可供广大农牧养殖户、技术人员及科技人员阅读参考和使用。

本书在编写过程中，对书中引用的参考文献单位和作者，对给予大力支持和帮助的单位和领导，对参加编写的各位专家和科技人员，在此一并深表谢意。

由于水平有限，书中缺点或错误难免，敬请广大读者批评指正。

# 目录

MULU

现代
肉羊
生产
技术

# 第一章

# 肉羊品种

# 第一章　肉羊品种

## 一、国内主要品种

### （一）小尾寒羊

1.育成简史与现状

小尾寒羊主要分布在山东、河南、河北等地，是中国著名的肉用多胎绵羊品种，因其繁殖力高、生长快而广泛用于肉羊杂交生产的首选母本。

2.外形特征

小尾寒羊体质结实，鼻梁隆起，耳大下垂。公羊有大的螺旋形角，母羊有小角，毛色多为白色；公羊前胸较深，背腰平直，身躯高大，侧视呈长方形，四肢粗壮；前后躯发育匀称，蹄质坚实；尾呈椭圆形，尾尖上翻。

3.品种特性

成年公羊约为90千克，成年母羊约为60千克。小尾寒羊性成熟早，母羊四季发情，一般2年3胎。一胎产2羔，产羔率平均为270%，居中国绵羊品种之首。临夏州20世纪80年代引入该品种，因其多胎性深受广大群众欢迎，是目前临夏州主要的肥羔生产品种。全州现存栏小尾寒羊110万只，主要分布于临夏州中部和东北部干旱山区，如东乡、临夏、广河、永靖、积石山、康乐等县。

平均产羔率250%，羔羊5月龄体重可达25千克，是临夏州生产东乡手抓羊肉的主体品种。在与引进的陶赛特、萨福克肉羊杂交后改良效果明显，杂交后代5月龄体重可达30千克以上。

（二）湖羊

1.育成简史与现状

产于太湖流域，分布在浙江省的湖州、桐乡、嘉兴、长兴、德清、余杭、海宁和杭州市郊，江苏省的吴江等县以及上海的部分郊区县。湖羊以生长发育快、成熟早、四季发情、多胎多产、所产羔皮花纹美观而著称，为中国特有的羔皮用绵羊品种，也是目前世界上少有的白色羔皮品种。2006年被农业部列入《国家级畜禽品种资源保护名录》。

2.外形特征

湖羊头狭长，鼻梁隆起，眼大突出，耳大下垂（部分地区湖羊耳小，甚至无突出的耳），公羊、母羊均无角；颈细长，胸狭窄，背平直，四肢纤细；短脂尾，尾大呈扁圆形，尾尖上翘；全身白色，少数个体的眼圈及四肢有黑色、褐色斑点。

3.品种特性

湖羊生长发育快，4月龄公羔平均体重达31.6千克，母羔达27.5千克左右；1岁公羊体重为（61.66±5.30）千克，1岁母羊为（47.23±4.50）千克；2岁公羊体重为（76.33±3.00）千克，2岁母羊为（48.93±3.76）千克。羔羊产后1~2天内宰剥的羔皮称为“小湖羊皮”，毛色洁白光润，有丝一般光泽，皮板轻柔，花纹呈波浪形，为中国传统出口商品。羔羊产后60天内屠剥的皮称为“袍羔皮”，也是上好的裘皮原料。

湖羊繁殖能力强，四季发情。性成熟很早，母羊4~5月龄性成熟，一般公羊在8月龄、母羊在6月龄时可配种。可年产2胎或2年3胎，母性好，泌乳量高，产羔率平均为229%。

湖羊对潮湿、多雨的亚热带产区气候和常年舍饲的饲养管理方式适应性强，是生产高档肥羔和培育现代专用肉羊新品种的优秀母本品种。

**（三）甘肃高山细毛羊**

1.育成简史与现状

甘肃高山细毛羊是甘肃省于20世纪80年代初选育而成的中国第一个高原细毛羊品种。适合在2600~3500米的高寒草原地区饲养，是毛肉兼用的细毛羊品种。21世纪初导入澳洲美利奴和中国美利奴血液，培育成为中国美利奴高山型新类群、甘肃高山细毛羊肉用新类群和优质毛新品系。临夏州于20世纪80年代后期引进该品种，进行大面积杂交改良，是临夏州细毛羊生产的主体品种，目前全州存栏20万只左右，主要分布于和政、临夏、积石山等县。为提高甘肃高山细毛羊的生产性能，临夏州于2008年引进德国美利奴肉羊进行杂交改良，效果明显，产羔率由105%提高到130%，产毛量由4.5千克提高到5.7千克，杂交后代断奶体重达到40千克，羊毛细度达到68支。

2.外形特征

公羊有螺旋形大角，母羊无角，产毛量平均为4.5千克，细度65支。公羊颈部有1~2个横皱褶，母羊有纵皱褶，被毛纯白，四肢强健有力。

3.品种特性

该品种对高寒阴湿气候有良好的适应性，耐粗饲，生命力强的特点，可用于改良高原绵羊。甘肃高山细毛羊体质结实匀称。公羊体重约85千克，母羊体重约50千克。

### （四）藏羊

#### 1.育成简史及现状

藏羊是中国三大原始绵羊品种之一，主要分布于青藏高原，因其产地不同而分为若干品系，其中以碌曲县欧拉乡为主产区的欧拉羊为典型代表，是藏族同胞长期选育而成的肉毛皮兼用的草地型藏系绵羊，欧拉羊以体大肉多而著称。欧拉羊在临夏州主要分布于积石山、太子山一带的临夏县和积石山县，目前存栏1.5万只左右，是临夏州藏羊异地育肥的主要品种，年育肥出栏量在5万只左右。欧拉羊肉质好，肉质细腻，肉味鲜美，是临夏州群众非常喜欢的羊肉。

#### 2.外形特征

欧拉羊头稍长，呈锐三角形，鼻梁隆起，公羊、母羊绝大多数都有角，角呈微螺旋状向左右平伸。四肢高而端正，背平直，胸、臀部发育良好。尾呈扁锥形，被毛白色而少有杂色。

#### 3.品种特性

成年公羊体重约75千克，母羊体重约58千克，远大于其他藏羊品系。对高寒草原的低气压、严寒、潮湿等自然条件和四季放牧、常年露营放牧管理方式适应性很强。成年羊屠宰率50%，每年产羔1次。

（五）滩羊

1.育成简史及现状

滩羊是中国独特的裘皮用绵羊品种，以产二毛皮著称。主要产于宁夏回族自治区盐池等县，以及分布于宁夏及宁夏毗邻的甘肃、内蒙古、陕西等地。为发展滩羊，提高品质，20世纪50年代末在宁夏回族自治区建立了滩羊选育场。1962年制定了发展区域规划及鉴定标准，广泛地开展滩羊选育工作。1973年成立宁夏滩羊育种协作组。通过以上措施和科研活动，促使滩羊的数量和质量有了一定的发展和提高。2006年滩羊列入农业部《国家级畜禽遗传资源保护名录》。

2.外貌特征

滩羊体格中等，体质结实。鼻梁稍隆起，耳有大、中、小3种，公羊角呈螺旋形向外伸展，母羊一般无角或有小角。背腰平直，胸较深。四肢端正，蹄质结实。属脂尾羊，尾根部宽大，尾尖细呈三角形，下垂过飞节。躯体毛色纯白，多数头部有褐、黑、黄色斑块。毛被中有髓毛细长柔软，无髓毛含量适中，无干死毛，毛股明显，呈长毛辫状。滩羊羔初生时从头至尾部和四肢都长有较长的具有波浪形弯曲的结实毛股。随着日龄的增长和绒毛的增多，毛股逐渐变粗变长，花穗更为紧实美观。到1月龄左右宰剥的毛皮称为二毛皮。二毛期过后随着毛股的增长，花穗日趋松散，二毛皮的优良特性即逐渐消失。

3.品种特性

成年公羊体重约为47千克，成年母羊约为35千克。被毛异

质，成年公羊剪毛量1.6~2.7千克，成年母羊0.7~2千克，净毛率65%左右。成年羯羊的屠宰率约为45%，成年母羊为40%。肉质细嫩，膻味轻，是中国最好的羊肉之一，尤其是剥去二毛皮的羔羊，肉质细嫩，味道鲜美，备受人们青睐。

滩羊7~8月龄性成熟，每年8~9月为发情配种旺季。一般年产1胎，产双羔者很少。产羔率101%~103%。

滩羊体质坚实，耐粗放管理，遗传性稳定，对产区严酷的自然条件有良好的适应性，具有一定的产肉、皮、毛能力，是优良的地方品种。但目前裘皮市场低迷，就产肉力而言，由于滩羊个体小、繁殖率低、晚熟、日均增重小，同时羯羊和经育肥的淘汰母羊胴体中脂肪含量偏高。滩羊今后发展应该划定保种区积极保种，用良种肉羊进行改良，提高其早熟性、繁殖率，提高生长速度，改善肉质。

### （六）河西绒山羊

#### 1.育成简史及现状

河西绒山羊产于甘肃省河西走廊西北部肃北蒙古族自治县和肃南裕固族自治县，主要分布于河西地区。临夏州主要分布于永靖、东乡等县，存栏10万只左右，以放牧为主，冬春枯草期一般舍饲育肥。临夏州自古有食用“冰渣羊肉”的习惯，在每年冬至前后宰杀膘情中等的山羊食用，有滋补功效。

2. 外貌特征

河西绒山羊体质结实、紧凑。公羊、母羊均有弓形的扁角，被毛为白色，由粗毛和绒毛组成，公羊角较粗长，向上并略向外伸展。四肢粗壮，前肢端正，后肢多呈“X”形。

3. 品种特性

成年公羊体重平均38千克，成年母羊体重平均为26千克。河西绒山羊羔羊生长发育快，5月龄的羔羊体重可达20千克。一般对不留种的公羔阉割肥育，待成年后屠宰，每年10月初集中宰杀，屠宰率为44%。河西绒山羊羔羊6月龄左右性成熟，18~20月龄配种。通常公羊、母羊分群管理，秋季（9月）开始合群，实行自然交配。

## 二、引入的主要肉羊品种

### （一）澳洲白羊

1. 育成简史及现状

澳洲白羊是澳大利亚第一个利用现代基因测定手段培育的品种。该品种集成了白杜泊羊、Van Rooy绵羊、无角陶赛特羊和特克塞尔羊等品种基因，通过对多个品种羊特定肌肉生长基因标记和抗寄生虫基因标记的选择（MyoMAX，LoinMAX，WormSTAR）培育而成的专门用于与杜泊绵羊配套的、粗毛型的中、大型肉羊品种，2009年10月在澳大利亚注册。

2. 外形特征

头略短，软质型（颌下、脑后、颈脂肪多），鼻宽，鼻孔大，颈长短适中，公羊颈部强壮、宽厚，母羊颈部结实，但更加精致；公母均无角；耳朵中等大小，半下垂。臀部宽而长，后躯深，肌肉发达饱满，臀部后视呈方形，体高；生长快；被毛白色，在耳朵和鼻偶见小黑点，季节性换毛，头部和腿被毛短；嘴唇、鼻、眼角无毛；外阴、肛门、蹄甲色素沉积，呈暗黑灰色。

3. 品种特性

体形大、生长快、成熟早、全年发情，有很好的自主换毛能力。在放牧条件下，5~6月龄胴体重可达到23千克左右，舍饲条件下，该品种6月龄胴体重可达26千克左右，且脂肪覆盖均匀，板皮质量俱佳。母羊初情期为5月龄，体重为45~50千克，适宜的配种年龄为8~10月龄，体重约60千克，发情周期为14~19天，平均为17天，发情持续时间为29~32小时，产羔率120%~150%。此品种使养殖者能够在各种养殖条件下用作三元配套的终端父本，可以产出在生长速率、个体重量、出肉率和出栏周期短等方面理想的商品羔羊。

（二）无角陶赛特羊

1.育成简史与现状

无角陶赛特羊原产于英国，是世界著名的肉用细毛羊。20世纪80年代以来，中国先后从澳大利亚和新西兰引入无角陶赛特羊，无角陶赛特羊遗传力强，是理想的肉羊生产的终端父本之一。临夏州于20世纪80年代末引进该品种进行杂交改良，目前主要分布于大中型肉羊场，纯种存栏1300只左右。因其良好的产肉、产毛性能和产羔率，广受欢迎，是临夏州今后肉羊杂交改良优先引进的品种之一。

2.外形特征

中国于20世纪80年代末引入，主要用作经济杂交生产羔羊的父本。陶赛特羊体质结实，体躯呈圆桶形，四肢粗短，后躯发育良好，整个躯体呈圆桶状，全身被毛白色，头短而宽，光脸，羊毛覆盖至两眼连线，耳中等大，公羊、母羊均无角，又称无角陶赛特。

3.品种特性

无角陶赛特羊具有肉质好、生长发育快、全年发情、耐热、对气候干燥地区适应能力较强的特点。成年公羊体重约95千克，母羊65千克。4月龄羔羊胴体重20~24千克，屠宰率50%以上，产羔率为130%~180%。成年羊剪毛量约4千克，净毛率60%左右，细度58支。

（三）萨福克羊

1. 育成简史与现状

萨福克羊原产于英国萨福克郡而得名，为大型肉用品种，是肉羊杂交生产终端父本的优选品种。目前主要分布于大中型肉羊繁殖场，纯种存栏1000只左右。临夏州于21世纪初引进该品种，用于肉羊杂交生产，表现出了良好的杂交优势。因其良好的产肉、产毛性能和产羔率，广受欢迎，是临夏州今后肉羊杂交改良优先引进的品种之一。

2. 外形特征

萨福克羊体格大，头短而宽，鼻梁隆起，耳大，公羊、母羊均无角，颈长，肌肉丰满，后躯发育良好、体形呈圆筒状。肌肉丰满，后躯发育良好。有白头萨福克和黑头萨福克两大品种，黑头萨福克杂交二代黑色遗传不稳定，导致杂交后代被毛呈黑点状而影响羊毛品质。

3. 品种特性

萨福克羊早熟，生长发育快，平均日增重250~300克，成年公羊体重约110千克，成年母羊约90千克。剪毛量约4.5千克，细度50~58支，净毛率60%左右，产羔率145%。产肉性能好，瘦肉率高，是生产大胴体和优质羔羊肉的理想品种。

**（四）南非肉用美利奴羊**

1. 育成简史与现状

南非美利奴羊原产南非，现分布于澳大利亚、新西兰和美洲一些国家，主要用于生产羔羊肉。中国从20世纪90年代开始引进，主要分布在新疆、内蒙古、吉林、宁夏等地。

2. 外形特征

公母无角，体大宽深，胸部开阔，臀部宽广，腿粗壮坚实，成熟早，胸宽、深，背腰平直，肌肉丰满，后躯发育良好。

3. 品种特性

100日龄羔羊体重可达35~50千克，成年公羊体重约100~110

千克，成年母羊体重约70~80千克。剪毛量公羊约5千克，母羊约4千克，细度66~70支。母羊9月龄性成熟，平均产羔率150%。南非美利奴羊是早熟、毛质优良、胴体产量高和繁殖力强的新型肉毛兼用品种，具有良好的放牧习性。生长速度快，产肉性能好，用来改良当地肉羊品种及生产羔羊肉。肉品质好，畅销美洲、中东各国。

**（五）特克塞尔羊**

1.育成简史与现状

原产于荷兰特克塞尔岛而得名。20世纪初用林肯、莱斯特羊与当地马尔盛夫羊杂交，经过长期的选择和培育而成。自1995年以来，中国黑龙江、宁夏、北京、河北和甘肃等地先后引进该品种，杂交效果良好。

2.外形特征

头大小适中，公羊、母羊无角，耳短，鼻部黑色。颈中等长、粗，体格大，胸圆，鬐甲平，但也有略微凸起的个体，背腰平直宽，肌肉丰满，后躯发育良好。

3.品种特性

产羔率高，母性好，对寒冷气候有良好的适应性。成年公羊体重约115~130千克，成年母羊体重约75~80千克；成年公羊平均剪毛量5千克，成年母羊平均剪毛量4.5千克，净毛率约为60%；羊毛长度10~15厘米，羊毛细度48~50支。该品种母羊泌乳性能良好，产羔率150%~160%，早熟，羔羊70日龄前平均日增重300克，在最适宜的草场条件下120日龄的羔羊体重约为40千克，6~7月龄达50~60千克，屠宰率54%~60%。

羔羊肉品质好，肌肉发达，瘦肉率和胴体分割率高，市场竞争力强。因此该品种已广泛分布到比利时、卢森堡、丹麦、德国、法国、英国、美国、新西兰等国，是这些国家推荐饲养的优良品种和用作经济杂交生产肉羔的父本。

### （六）杜泊羊

#### 1.育成简史及现状

原产于南非共和国。用从英国引入的有角陶赛特品种公羊与当地的波斯黑头品种母羊杂交，经选择和培育而成的肉用绵羊品种。南非于1950年成立杜泊羊肉用绵羊品种协会，促使该品种得到迅速发展。杜泊羊由于品种特性突出，受到业界普遍关注，从20世纪90年代起，纷纷被世界上主要羊肉生产国引进。中国2001年开始引入，目前主要分布在山东、陕西、天津、河南、辽宁、北京、山西、云南、宁夏等地，用其与当地羊杂交，效果显著。

#### 2.外形特征

毛色有两种类型，一种为头颈黑色，体躯和四肢为白色；另一种全身均为白色，但有的羊腿部有时也出现色斑。杜泊羊一般无角，头顶平直，长度适中，额宽，鼻梁隆起，耳大稍垂，既不短也不过宽。颈短粗，前胸丰满，肩宽厚，背腰平阔，肋骨拱圆，臀部方圆，后躯肌肉发达。四肢较短而强健，骨骼较细，肌肉外突，体形呈圆桶状，肢势端正。

#### 3.品种特性

杜泊绵羊早期发育快，胴体瘦肉率高，肉质细嫩多汁，膻味轻，口感好，特别适于肥羔生产，被国际誉为“钻石级”绵羊肉，具有很高的经济价值。同时，该品种羊板皮厚，面积大，皮板致密并富弹性，是制高档皮衣、家具和轿车内装饰等的上等皮革原料。初生公羔重（5.20±1.00）千克，母羔重（4.40±0.90）千克；3月龄公羔重（33.40±9.70）千克，母羔重（29.30±5.00）千克；6月龄公羔重（59.40±10.60）千克，母羔重（51.40±5.00）千克；12

月龄公羊重（82.10±11.30）千克，母羊重（71.30±7.30）千克；24月龄公羊重（120.00±10.30）千克，母羊重（85.00±10.20）千克。公羊性成熟一般在5~6月龄，母羊初情期在5月龄。母羊发情期多集中在8月至翌年4月，发情周期为14~19天，平均为17天，发情持续期29~32小时。母羊妊娠期为145~152天，平均为148.6天。正常情况下，产羔率约为140%，但在良好的饲养管理条件下，可进行2年产3胎，产羔率180%以上。同时，母羊泌乳力强，护羔性好。

（七）波尔山羊

1.育成简史及现状

原产于南非共和国，是目前世界上公认的最理想的肉用山羊品种之一。从1995年开始，中国先后从德国、南非、澳大利亚和新西兰等国引入波尔山羊3000多只，分布在陕西、江苏、四川、河南、山东、贵州等20多个省、市、区，种羊引入后，各地都很重视，加强饲养管理，采用繁殖新技术，如胚胎移植技术、密集产羔技术等，加快了纯种波尔山羊的繁殖速度，促进了波尔山羊业在中国的发展。同时，很多省（区）用波尔山羊与当地山羊开展了杂交改良试验工作，取得了明显效果。

2.外形特征

理想型的波尔山羊，体躯为白色，头、耳和颈部为浅红色至深红色，但不超过肩部，并有完全的色素沉着，广流星（前额及鼻梁部有一条较宽的白色）明显；除耳部外，种用个体的头部两侧至少要有直径为10厘米的色块，两耳至少要有75%的部位为红色并要有相同比例的色素沉着。波尔山羊具有强健的头，眼睛清秀棕色，鼻梁隆起，头颈部及前肢比较发达，体躯长、宽、深，肋部发育良好并完全展开，胸部发达，背部结实宽厚，臀腿部丰满，四肢结实有力。前额下陷，口窄，颌短，耳折叠，背下陷，前肢“X”形，蹄内向或外向，长而粗糙的被毛，粗大的奶头等为特征。

3.品种特性

初生重一般为3~4千克，公羔比母羔重约0.5千克；断奶体重一般可达20~25千克；7月龄时公羊体重为40~50千克，母羊为35~45千克；周岁时，公羊体重为50~70千克，母羊为45~65千克；成年公羊体重为90~130千克，母羊体重为60~90千克。屠宰率可达56.2%。母羔6月龄性成熟；公羔3~4月龄性成熟，但需到5~6月龄或体重约为32千克时方可用作种用。在良好的饲养条件下，母羊可以全年发情。发情周期为18~21天，妊娠期平均为148天。波尔山羊每胎平均产2羔，其中50%的母羊产双羔，10%~15%的产3羔，如果用多胎性选择和良好的管理相结合，产羔率可达225%。

# 第二章

## 肉羊杂交改良

# 第二章　肉羊杂交改良

## 一、羊的选种技术

选种，具体地讲，就是把羊群中的好羊按相关标准选出来让它们组成新的繁殖群再繁殖下一代，经过多次或者多个世代的选择，不断地优胜劣汰。现阶段，中国的绵、山羊选种的主要对象是种公羊，但是优秀种公羊往往可遇不可求，有时往往只选中少数几只乃至1只特别优秀的种公羊，因此利用科学的选种技术，就会使整个羊群或新品种育成速度大大加快。

选种主要是看生产性能，其多为有重要经济价值的数量性状和质量性状，如肉羊的初生重、断奶重、日增重、6月龄重、周岁重、产肉量、屠宰率、肉质、繁殖力等。

目前选种主要从4个方面进行：

根据个体表型的表现的个体表型选择；根据个体祖先表型表现的系谱选择；根据旁系成绩的半同胞选择；根据后代品质的后裔测定选择。这4种方法不是对立的，而是相辅相成的，应根据选种单位的具体情况和不同时期掌握的不同资料合理利用，从而提高选择的准确性。

## 二、羊的选配方法

所谓选配，就是在选种的基础上，根据母羊的特性，为其选择恰当的公羊与之配种，获得理想的后代。因此，选配是选种工作的继续，在规模化的肉羊改良和新品种育种工作中两者相互联系、不可分割，是改良和提高肉羊品质最基础的方法。具体来说，选配的作用主要是使亲代的固有优良性状稳定地传给下一代；把分散在双亲个体上的不同优良性状结合起来传给下一代；把细微的不甚明显的优良性状累积起来传给下一代；对不良性状、缺陷性状给予削弱或淘汰。

选配可分为表型选配和亲缘选配两种类型。表型选配是以与配公母羊个体本身的表型特征作为选配的依据，亲缘选配则是根据双方的血缘关系进行选配。这两类选配都可以分为同质选配和异质选配，其中亲缘选配的同质选配和异质选配即指近交和远交。

### （一）表型选配

表型选配即品质选配，它可分为同质选配和异质选配。

#### 1. 同质选配

指具有同样优良经济性状和特点的公母羊之间的交配，以便使相同特点能够在后代身上得以巩固和继续提高。通常特级羊和一级羊是属于品种理想型羊只，它们之间的交配即具有同质选配的性质；或者当羊群中出现优秀公羊时，为使其优良品质和突出特点能够在后代中得以保存和发展，则可选用同羊群中具有同样品质和优点的母羊与之交配，这也属于同质选配。例如，优质肉品质的母羊选用优质肉品质的公羊相配，以便使后代在肉品质上得以继承和发展。这也就是“以优配优”的选配原则。

2.异质选配

指选择主要性状不同的公母羊进行交配，目的在于使公母羊所具备的不同的优良经济性状在后代身上得以结合，创造一个新的类型；或者是用公羊的优点纠正或克服与配母羊的缺点或不足。用特、一级公羊配二级以下母羊即具有异质选配的性质。在异质选配中，必须使母羊最重要的有益品质借助于公羊的优势得以补充和强化，使其缺陷和不足得以纠正和克服。这也就是“公优于母”的选配原则。

3.个体选配

个体选配就是为每只母羊选配合适的公羊。主要用于特级母羊，如果一级母羊为数不多时，也可以用这种选配方式。因为特级、一级母羊是品种的精华，羊群的核心，对品种的进一步提高关系极大；同时，又由于这些母羊达到了较高的生产水平，一般继续提高比较困难，所以必须根据每只母羊的特点为其仔细地选配公羊，个体选配应遵循的基本原则：

（1）符合品种理想型要求并具有某些突出优点的母羊，如生长发育快、肉品质好、饲料报酬高、产羔率高等性状良好的母羊，应为其选配具有相同特点的特、一级公羊，以期获得具有这些突出优点的后代。

（2）符合理想型要求的一级母羊，应选配与其同一品种、同一生产方向的特级和一级公羊，以期获得较母羊更优的后代。

（3）对于具有某些突出优点但同时又有某些性状不甚理想的母羊，如体格特大，绒毛很长，但绒毛品质欠佳的母羊，则要选择在绒毛品质上突出，体格毛长性状上也属优良的特级公羊与之交配，以期获得既能保持其优良性状又能纠正其不足的后代。

4.等级选配

二级以下的母羊具有各种不同的优缺点，应根据每一个等级的综合特征为其选配适合的公羊，以求等级的共同优点得以巩固，共同缺点得以改进，称之为等级选配。

### （二）亲缘选配

亲缘选配是指具有一定血缘关系的公母羊之间的交配。按交配双方关系的远近可分近交和远交两种。近交是指亲缘关系近的个体间的交配，交配双方到其共同祖先的代数总和不超过6代者，谓之近交，在养羊业生产中，在采用亲缘选配方法时，主要是要科学地、正确地掌握和应用近交的问题。

在养羊业生产实践中应用亲缘选配时要注意以下几个问题：

（1）选配双方要进行严格选择，必须是体质结实，健康状况良好，生产性能强，没有缺陷的公母羊才能进行亲缘选配。

（2）提供较好的饲养管理条件，即应给予较其他羊群更丰富的营养条件。

（3）对所生后代必须进行仔细的鉴定，选留那些体质结实、体格健壮、符合育种要求的个体继续作为种用，见体质纤弱、活力衰退、繁殖力降低、生产性能下降以及发育不良甚至有缺陷的个体要严格淘汰。

### （三）选配应遵循的原则

（1）为母羊选配的公羊，在综合品质和等级方面必须优于母羊。

（2）为具有某些方面缺点和不足的母羊选配公羊时，必须选择在这方面有突出优点的公羊与之配种，决不可用具有相反缺点的公羊与之交配。

（3）采用亲缘选配时应当特别谨慎，切忌滥用。

（4）及时总结选配效果，如果效果良好，可按原方案再次进行选配。否则，应修正原选配方案，另换公羊进行选配。

## 三、羊的杂交改良

杂交改良也称杂交育种，就是运用2个或2个以上优秀品种杂交，创造出好的变异类型，然后通过育种手段将优良性状固定下来，以培育出新品种(系)；或通过杂交改进品种的个别不良性状。由于不同的品种具有不同的遗传基础，通过杂交时的基因重组，能将各亲本的优良基因集中在一起。同时还由于基因互作，有可能产生超越亲本品种性状的优良个体，然后通过选种选配等手段，使有益性状的基因得到相对纯合，从而使它们具有相当稳定的遗传能力。目前，杂交育种是改良现有品种和创选新品种工作中的一条重要的常用途径。杂交改良主要的步骤是杂交组合的筛选、杂种优势的预测、不同杂交类型进行品种杂交、杂交后代培育、杂交育种级进次数的确定、横交固定和扩群自繁等。

### （一）杂交组合筛选

杂交组合筛选的实质就是杂交亲本的选择，杂交亲本应按照父本和母本分别选择，两者的选择标准不同，要求也不一致。

#### 1.母本的选择

（1）应选择在本地区数量相对多、环境适应性强的优质肉羊品种或品系作为母本，这是因为母本需要的数量大，环境适应性强，容易在本地区全面推广。

（2）应选择繁殖力高、母性好、泌乳能力强的优质肉羊品种或品系作为母本，这关系着杂交后代在胚胎期和哺乳期的发育和成活，不但直接影响杂交优势的表现，同时与生产成本的降低也有一定关系。

2. 父本的选择

（1）应选择生长发育速度快、饲料利用率高、胴体品质佳的优质肉羊品种或品系作为父本。

（2）应选择与杂种要求类型相同的优质品种作为父本。有时也可选用不同类型的父母本相杂交，以生产中间型的杂种，如用长毛品种绵羊与细毛羊杂交以产生半细毛的杂种。

（3）至于适应性问题，则可不必过多考虑，因父本数量很少，适当的特殊照顾费用不大，因而一般多采用国外引进优质肉羊品种作为杂交父本。

### （二）杂种优势的预测

不同种群间杂种优势的差异较大，比较省时省力的方法可根据以下几点对杂交优势进行预测，仅把杂种优势较佳的杂交组合正式列入配合力测定范畴，这样可大大节省人力物力。

（1）凡分布地区距离较远，来源差别较大，类型和特点完全不同的两种群相杂交，可望获得较大杂种优势。杂种优势的大小，一般与种群差异大小成正比。

（2）主要经济性状变异系数小的种群，一般杂交效果较好，因为群体的整齐度在一定程度上可反映其成员基因型的纯合性。

（3）遗传力较低、近交时衰退比较严重的性状，杂种优势也较大。因为近交衰退和杂种优势一般是相等的，当两个无亲缘关系的群体杂交时，由于杂种后代的近交系数受到抵消，结果繁殖性能得到恢复，这就是杂交后所获得的杂种优势。

（4）长期与外界隔绝的种群间杂交，一般可获得较大的杂种优势。隔绝主要有地理交通上的隔绝和繁育方法上的隔绝两种，这些血统上与外界长期隔绝的种群，其基因型的纯度一般较高。

### （三）不同杂交类型

1.引入杂交

（1）引入杂交的概念

引入杂交，也叫导入杂交。指某品种基本符合其生产方向的要求，但还存在个别缺点，如果采用本品种选育的方法来改进，需要的时间很长。利用引入杂交，导入其他优良品种的少量外血，就能较快地达到改良的目的。

利用改良品种的公畜和被改良品种的母畜只杂交一次，然后选用改良的品种（包括公畜和母畜）与被改良品种（母畜和公畜）回交，回交一次获得含有1/4改良品种血统的杂种，此时如果已合乎理想要求，即可对该杂种家畜进行自群繁育；如果回交一次所获得的杂种未能很好表现被改良品种的主要特性，则可再回交一次，把改良品种的血统含量降到1/8，然后开始自群繁育。

（2）引入杂交应注意的问题

①正确选择改良品种。第一，改良品种应与被改良品种的体质类型相似，生产方向一致；第二，改良品种必须具有针对被改良品种缺点的显著优点，而且在此性状遗传力很强，这样才能在一次杂交之后起到较佳的改良效果。

②加强本品种选育。由于杂交所生的杂种一代，将与被改良的品种进行回交，因此，加强本品种选育是保证引入杂交成功的关键；所以，在引入杂交中，本品种选育仍然是主体，而杂交只不过是改良的措施之一。

③引入外血的含量。引入外血的含量一般为1/8~1/4；引入外血含量如果过高，不利于保持原品种固有的遗传特性。

2.级进杂交

(1) 级进杂交的概念

级进杂交，又称改造杂交或吸收杂交。当原有品种的生产性能（产品类型或数量等）不符合要求，需要彻底改变其生产方向，或大幅度地提高其生产力，此时即可采用级进杂交的方法。如把粗毛羊改变为细毛羊或半细毛羊，无疑需要多代杂交才能达到目的。这种杂交通常在第一代得到改良程度最大，以后随着畜群水平的上升改良速度越来越小。

级进杂交，是利用改良品种的公畜与被改良品种的母畜杂交，杂交后代母畜连续几代与改良品种的公畜交配，直到杂种后代基本接近改良品种的水平时停止，然后将理想型杂种进行自群繁育。

(2) 级进杂交注意事项

级进杂交要获得理想的改良效果，必须注意以下3个方面：

①正确选择改良品种。应根据当地畜牧生产区域规划及自然生态条件，选择适应性强、生产力高、遗传能力强的品种作为改良品种。

②灵活掌握级进杂交终止的代数。当杂交后代生产性能指标达到了改良目标，在杂交第二代就可以横交。

③必须为杂交后代创造理想的饲养管理条件。随着级进代数的增加，生产力水平将会逐代上升，所要求的饲养管理条件也就愈高，饲养管理条件不到位，畜群的质量难以得到迅速的提高。此时，如果单纯杂交，不注意改善管理条件，就不可能达到预期的目的。

### (四) 杂交后代的选择培育

对杂交后代要加强培育，主要因为杂交后代对生活条件的改善有较快的反应，只要能够提供相应的饲养管理条件，优良性状一般都能充分表现出来。如果饲养管理条件太差，单纯增加杂交代数不仅作用不大，反而会造成杂交后代在体质、生产性能方面变差的后果。

### （五）杂交育种级进次数的确定

级进杂交终止的代数没有定律，一般需要杂交到3~4代，但又不能片面地追求杂交代数，因为级进杂交的目的并不是要使后代同改良品种完全一样，而是要求后代既具有改良品种的优良性状，又适当保留被改良品种原有良好的繁殖力和适应性等优点。日常工作中主要依据杂交后代的性状来确定，如果杂交后代生产性能指标达到了改良目标，在杂交第二代就可以进行横交固定。

### （六）横交固定

在横交固定阶段，对已达到理想型标准的个体停止杂交，转入自群繁育。从血统上封闭畜群，让理想型的公母家畜相互交配，目的是要使杂交造成的个体遗传性不稳定，逐步趋于纯正稳定，使现已具备的新品种特征能得到不断巩固和发展。

为了使理想型的遗传性能尽快稳定，当然主要的选配方式应是同质选配。必要时也可采用近交。衡量遗传性稳定的标志：一是从自繁开始算起，经3~4代可认为基本稳定；二是自繁所生后代，有70%能达到或接近一级标准；三是看近交系数的大小，也就是要求新品种具有一定的近交程度；四是利用固定后的公畜与低产品种母畜杂交，将后代的生产性能与其他品种的杂交效果相对比。

### （七）扩群和选育提高

扩群和选育提高阶段的主要任务是进行繁殖已固定的理想型

性状，迅速增加其数量和扩大分布地区，建立品系，完善品种结构，完成一个品种应该具备的条件。因此，此阶段就是通过纯种繁育的手段，使已定型的类群增加数量、提高质量，使之成为一个合格的新品种（系）。

# 第三章

# 肉羊繁殖技术

# 第三章　肉羊繁殖技术

## 一、羊的繁殖现象与规律

肉羊的繁殖是肉羊养殖生产的重要环节，了解肉羊的繁殖规律、特点，掌握必要的繁殖技术和措施，才能更好地发挥优秀种公羊的配种能力，提高繁殖母羊的繁殖力，获得较好的养殖效益。

### （一）性成熟和初配年龄

1.性成熟

指羔羊性器官已经发育完全，可以产生成熟的生殖细胞（卵子或精子），具备正常繁殖能力的阶段。绵、山羊的性成熟时间因品种、生态环境、性别而有差异，一般为4~8月龄，山羊比绵羊早，母羊比公羊早。滩羊性成熟6~8月龄；湖羊性成熟早，公羊为5~6月龄，母羊为4~5月龄。但绵、山羊达到性成熟时不宜马上配种，因为刚达到性成熟时，其身体并未达到充分发育的程度，如果这时配种，会影响它本身和胎儿的生长发育。因此，公、母羔断奶时，一定要分群管理，避免偷配。

2.初配年龄

绵、山羊初配年龄比性成熟晚，在达到体成熟体重（即成年体重）的70%左右时为宜。绵、山羊的初配年龄一般在8~18月龄，因品种、生态环境和饲养管理条件的不同而异，山羊比绵羊早，公羊比母羊晚。在当前中国的广大农村牧区，凡是草场或饲养条件良好、绵羊生长发育较好的地区，初配年龄在1~1.5岁，如滩羊初配年龄，母羊1.5岁，公羊2.5岁；而草场或饲养条件较差的地区，初次配种往往推迟到2~2.5岁时进行。

### （二）发情和发情周期

1.发情

母羊在性成熟以后，表现出的一种具有周期性变化的生理现象，叫发情。母羊发情时有以下特征：

（1）性欲

母羊发情时，一般不抗拒公羊接近或爬跨，或者主动接近公羊并接受公羊的爬跨交配。在发情初期，性欲表现不甚明显，后期逐渐显著。排卵以后，性欲逐渐减弱，到性欲消失后，母羊则抗拒公羊接近和爬跨。

（2）性兴奋

母羊发情时，表现兴奋不安。

（3）生殖道发生一系列变化

外阴部充血肿大，柔软而松弛，阴道黏膜充血发红，上皮细胞增生，外阴部黏液增多，子宫颈开放，子宫蠕动增多，输卵管的蠕动、分泌和上皮黏毛的波动也增强。

（4）卵泡发育和排卵

卵巢上有卵泡发育成熟，发育成熟后卵泡破裂，卵子排出。

母羊从开始发情到发情结束的时期叫发情持续期。母羊的发情持续期与品种、个体、年龄和配种季节等有密切的关系，如小尾寒羊为30.23±4.84小时，波尔山羊为1~2天。

2.发情周期

羊在发情期内，若未经配种，或虽经配种但未受孕时，经过一定时期会再次发情。由上次发情开始到下次发情开始的时间，称为一个发情周期。发情周期同样受品种、个体和饲养管理条件等因素的影响，如滩羊发情周期为17~18天，湖羊为17天，波尔山羊为14~22天。

3.受孕

绵、山羊从开始受孕到产羔，这一时期称为受孕期或妊娠期。受孕期的长短，因品种、营养等的不同而略有差异。早熟品种多半是在饲料比较丰富的条件下育成的，受孕期较短，平均为145天；晚熟品种多在放牧条件下育成的，受孕期较长，平均为149天。滩羊受孕期151~155天，湖羊为146.5天，小尾寒羊为146~150天。

4.羊的繁殖季节

绵、山羊的繁殖季节（亦称配种季节）是通过长期的自然选择逐渐演化而形成的，主要决定因素是分娩时的环境条件要有利于初生羔羊的存活。绵、山羊的繁殖季节，与其发情集中期一致。绵、山羊属于短昼繁殖动物，发情主要集中在秋分至春分之间，也因品种、生态环境、饲养管理条件而有差异。在饲养管理条件良好的年份，母羊发情早，而且发情整齐旺盛。公羊在任何季节都能配种，但在气温高的季节，性欲减弱或者完全消失，精液品质下降，精子数减少，活力降低，畸形精子增多。在气候温暖、海拔较低、牧草饲料良好的地区，饲养的绵、山羊品种一般一年四季都发情，配种时间不受限制。

## 二、羊的配种方法

### （一）配种期

配种时期的选择，主要是根据羔羊的成活和母仔健壮的条件来决定，在年产羔1次的情况下，产羔时间常分为春季和冬季：一般7~9月配种，12月至翌年1~2月产羔叫产冬羔；在10~12月配种，第2年3~5月产羔叫产春羔。

产冬羔的主要优点是：母羊在受孕期，由于营养条件比较好，所以羔羊初生重大，在羔羊断奶后就可以吃上青草，因而生长发育快，第1年的越冬度春能力强。缺点是由于产羔季节气候比较寒冷，因而肠炎和羔羊痢疾病的发病率比春羔高，故羔羊成活率比较低。产冬羔要求饲草饲料充足，并准备保温良好的羊舍，同时，劳力的配备也要比产春羔的多，如果不具备上述条件，产冬羔则会给养羊业生产带来损失。绵羊冬羔的剪毛量比春羔的高。

产春羔时，气候已经开始转暖，因而对羊舍的要求不严格，同时，由于母羊在哺乳前期已能吃上青草，能分泌较多的乳汁哺乳羔羊；主要缺点是母羊在整个受孕期处在饲草饲料不足的冬季，由于母羊营养不良，因而胎儿的个体发育不好，初生重比较小，体质弱，这样的羔羊，虽经夏、秋季节的放牧可以获得一些补偿，但是，这样的羔羊比较难越冬度春。绵羊在第2年剪毛时，无论剪毛量，还是体重，都不如冬羔高。另外，由于春羔断奶时已是秋季，故对断奶后母羊的抓膘有影响，特别是在草场不好的地区，对于母羊的发情配种及当年的越冬度春都有不利的影响。

在生产中，因为饲养管理条件有限，一些有经验的养殖户实行母羊1年1产，以保证母子健壮。如果2年3产，甚至1年2产，母羊的消耗很大，对饲草料贮备、配种生产组织提出了更高的要求。如果2年3产，建议8个月为1个繁殖周期，母羊妊娠5个月、哺乳2个月，母羊休息、配种组织1个月，配种、生产组织可以参照如下方案：准备期9月配种，第1年2月产羔、5月配种、10月产羔，第2年1月配种、6月产羔、9月配种。

规模羊场和农牧民饲养户产冬羔还是产春羔，不能强求一律，要根据所在地区的气候和生产技术条件来决定。

### （二）配种方法

羊的配种方法有2种，即自然交配和人工授精。

1.自然交配

自然交配是养羊业中最原始的配种方法，这种配种方法是在绵羊的繁殖季节，将公羊、母羊混群放牧，任其自由交配。用这种方法配种时，节省人工，不需要任何设备，受胎率一般高达90%。但是，用这种方法配种也有许多缺点，由于公羊、母羊混群放牧，公羊追逐母羊交配，故影响羊群的采食抓膘，而且公羊的精力消耗很大；无法了解后代的血缘关系；不能进行有效的选种选配；同时由于母羊产羔时期拉长，所产羔羊年龄大小不一，从而给管理上造成困难。

2.人工授精

羊的人工授精是指通过人工的方法，将公羊的精液输入母羊生殖器内，使卵子受精以繁殖后代，这是近代畜牧业科学技术的重要成就之一。也是当前养羊业中常用的技术措施，与自然交配相比较，能扩大种公羊的利用率，提高母羊的受胎率，减少疫病的传播，便于精液的长期保存和实现远距离运输。

### （三）绵羊常温人工授精技术

羊的人工授精是一种科学、先进的配种方法，为进一步提高家畜人工授精技术水平，大力推广应用绵羊人工授精技术，加快绵羊的良种化进程，力求提高经济效益。

1.配种前的准备工作

（1）整顿羊群

凡是计划参加配种的母羊，尽量做到单独组群，分别管理，防止杂交乱配。对本地劣质种公羊去势、结扎。对留作试情的公羊在配种前30天做输精管结扎。在使用前充分做好排精和精液检查工作，以防产生不良后果，同时做好羊群的防检工作。

（2）放牧抓膘

在配种前有条件的地方应加强放牧，延长放牧时间，舍饲的应做到吃饱、饮足、勤舔盐。保持圈舍干燥，夜间休息好，达到满膘配种，提高受胎率。

（3）选择种公羊

按照育种方向，选择体质结实，体形匀称，生产性能高，遗传性稳定，生殖器官正常，有明显的雄性特征，精液品质好的作种公羊。

查其上代，并鉴定其后代，加上本身3个方面都好的可作种公羊。

人工授精用的种公羊均为二级以上，最好是特级、一级。

（4）实行同质选配和异质选配。有共同缺点的不配；一般情况近亲的不配；公羊等级低于母羊的不配；极端矫正的不配。

（5）每只公羊可配母羊200~400只。预备公羊1~2只。

（6）初次配种公羊，如果性欲不高、不会爬跨应加以调教。

把种公羊放在发情的母羊群里；同时，调整饲料，改善饲养管理。采取以下4种方法：

诱导法：在其他公羊配种或采精时，让被调教公羊站在一旁观看，然后诱导它爬跨。

按摩睾丸：在调教期每日定时按摩睾丸10~15分钟，或用冷水湿布擦睾丸，经几天后会提高公羊性欲。

药物刺激：对性欲差的公羊，隔日每只注射丙睾丸素1~2毫升，连注射3次后可使公羊爬跨。也可将发情母羊阴道黏液或尿液涂在公羊鼻端，可刺激公羊性欲。

（7）种公羊在配种期间3周开始排精。第1周每隔2日1次，第2周每隔1日1次，第3周1日1次。

（8）授精站应设采精场，精液处理室和输精室。配种前要做好器材和药品的购置工作。

2.母羊的发情鉴定

（1）用试情公羊识别发情母羊，应选择体质健壮，性欲旺盛的成年公羊作试情羊。按母羊数的4%配备。但每群至少要2只。

（2）实行公母羊同群同归的羊群。应在放牧中及牧前牧后观察，如果发现试情公羊追逐一只母羊，当母羊站立不动，接受爬跨时即为发情。

3.器械、用具的准备和消毒

（1）人工授精所用的器械在每次使用前必须消毒，使用后要立即洗涤。做到灭菌、清洁、干燥、存放于清洁的橱柜里。

（2）假阴道、集精瓶的洗涤和灭菌

洗涤：将集精瓶放入清水中，再放入适量的洗涤剂，用试管刷刷洗干净。用清水冲洗数遍，再用蒸馏水冲洗放入纱布罐内。将假阴道内胎放入清水中，加少许洗涤剂彻底清洗，再用清水冲洗数遍，吊在输精室内，用干净纱布蒙上。

消毒：操作者将指甲剪短磨平，手洗净，用75%酒精棉球消毒，安装假阴道。然后用消毒的长柄镊子夹75%酒精棉球，进行胎内消毒，自胎内一端开始细致地擦拭到另一端。外壳用酒精棉球擦拭，放在消毒的瓷盘内用灭菌的纱布盖好备用。

（3）输精器的洗涤和消毒

首先用清水加适量洗涤剂冲洗数次，用清水冲洗；其次用蒸馏水清洗；最后用恒温箱灭菌。

使用前从灭菌器中取出，用0.9%氯化钠水冲洗数次。

输完一只母羊后，用灭菌的0.9%氯化钠水棉球擦拭输精器，再输另一只。

（4）开膣器的消毒

用清水洗净擦干，进行酒精火焰消毒后，放入0.9%氯化钠水中即可用。

（5）其他器材的消毒

玻璃器材。用清水加少许洗涤剂洗净，再用清水冲洗，用恒温箱灭菌。

纱布、毛巾、台布等。用含有洗涤剂的消毒液洗净，用清水冲洗后，再用蒸汽灭菌。

外阴部消毒布。用含有洗涤剂的消毒液洗净，再用0.1%新洁尔灭溶液和清水洗净后，搭在室内晾干。

恒温箱给玻璃器材灭菌时，温度应控制在105~110摄氏度，蒸汽灭菌时，将上述器材放入蒸煮器中，蒸煮30分钟即可。

4.采精

（1）采精时，选择发情的健康母羊，把母羊颈部卡在采精架上保定。外阴部用0.1%新洁尔灭溶液消毒后用清水洗去药液并擦干。

（2）假阴道的准备

将消毒后的集精瓶，装满0.9%氯化钠水，插入假阴道的一端，深2~3厘米，进行振荡冲洗后，将水倒出，使其内湿润，起到润滑作用。

灌热水。将装好的假阴道加50~55摄氏度的水150~180毫升，用漏斗注入假阴道的夹层内。

润滑剂。用玻璃棒蘸消毒过的凡士林少许，从假阴道内胎后端前均匀涂抹至1/3处。

（3）为使假阴道内腔松紧适度，需压入适量空气，一般假阴道后端内胎呈三角形为宜。

（4）采精时，选用温毛巾把种公羊阴茎包皮周围擦干净，操作者以右手拿假阴道与地面成35~40度角，当种公羊爬跨母羊伸出阴茎时，将阴茎导入假阴道内。射精后将假阴道竖起，放出空气，用毛巾擦干外壳，谨慎地将集精瓶取下，盖上盖，放在操作台标有公羊号的固定地方。

（5）种公羊每天采精2~3次，必要时可采精4~5次，1次采精后休息2小时，方可进行第2次采精。

5. 精液处理

（1）精液品质鉴定

肉眼检查：正常精液为乳白色，呈云雾状，无味或略带腥味。若带腐败臭味，呈现红色、褐色、绿色的精液，不可用于输精。射精量一般为0.5~2.5毫升。

显微镜检查：检查精液的室内温度应保持在18~25摄氏度。

显微镜、保温箱的温度应在35~38摄氏度。用输精器吸少量精液，滴在载片上，盖上盖片。注意不要有气泡，然后在400~600倍的显微镜下进行观察。

（2）用显微镜下检查精液时，应根据以下标准评定精液等级：

密度：在视野里看见布满密集的精子，几乎无空隙，应评为（密）；如果精子间的空隙有一个精子的长度，应评为（中）；空隙超过一个精子的长度或无精子的，应评为（稀）或（无精）。

活力：以直线前进运动的精子计算，用五分制评定。

在显微镜下用目力来衡量。如精子100%做直线运动，评为5分；80%做直线运动，评为4分；以下每少20%，减1分。精子摇摆不前，则用“摆”字标记；完全不活动的，用“死”字标记。

（3）公羊的精液，必须被评为“密—5”“密—4”或“中—5”“中—4”，方可输精。

（4）精液的稀释倍数。目前，一般以不超过1∶2为宜。常用的稀释配方如下：

①用0.9%氯化钠水稀释：虽然方便，但效果差。

②葡萄糖—卵黄稀释液：蒸馏水100毫升、葡萄糖3克、柠檬酸钠1.4克、新鲜的卵黄20毫升。配制时将葡萄糖、柠檬酸钠放入蒸馏水中溶解，滤过2~3遍，在水沸腾后蒸煮30分钟，取出后降温至25摄氏度时，加新鲜卵黄20毫升，振荡溶解均匀，再加入适量的青霉素、链霉素。

6. 输精

（1）将输精母羊倒挂固定在距地面60厘米的杠杆上，外阴部先用0.1%的新洁尔灭溶液消毒后，再用温水洗净擦干。

（2）原精液的输精量，每只母羊为0.05~0.1毫升。稀释精液为0.1~0.2毫升，输入子宫内的精液要足量，直线运动的精子不得低于7000万，初配羊的输精量要加倍。

（3）输精器吸入精液后将管内的空气排出，然后滴出一小滴，在显微镜下进行检查，合格后方可输精。

（4）输精时把消毒的开膣器轻轻地插入阴道内，轻轻旋转90度，慢慢张开，先检查阴道内有无疾病（出血、有脓等），有病者，不输精；无疾病，从黏液上看是发情羊，就寻找子宫颈口，找到后将开膣器固定在适应位置，将输精器插入子宫颈0.5~1厘米处，注入定量的精液。

（5）输精制度。可采用1次试情、2次输精的方法，即早上试情1次，发情当时输精，第2天早上再输精1次。也可采用1次试情、1次输精的方法，即早上试情1次，第2天早上输精1次。输完精的母羊做好标记。

7.妊娠诊断

配种母羊是否妊娠，可以通过观察母羊下一个周期是否继续发情进行判断。对配种后的母羊持续观察一个发情周期，即20天左右，如果母羊不返情，即认为母羊妊娠，反之，则认为未受孕。这种方法简便、易行，但因为绵、山羊发情症状不明显、发情持续时间短，难以准确观察，即便使用试情公羊，母羊的发情与否也不能完全客观地反映母羊的生理状况。

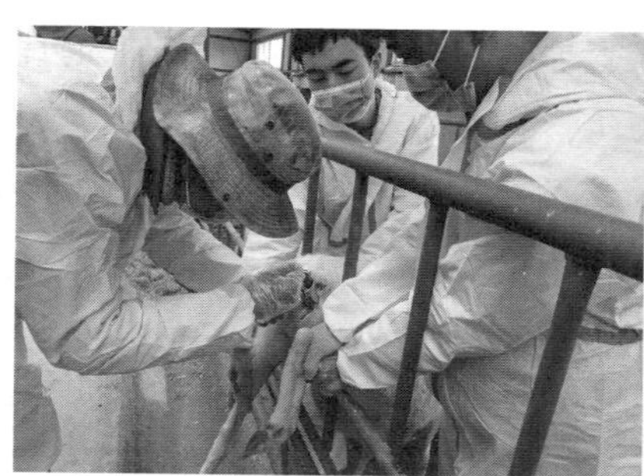

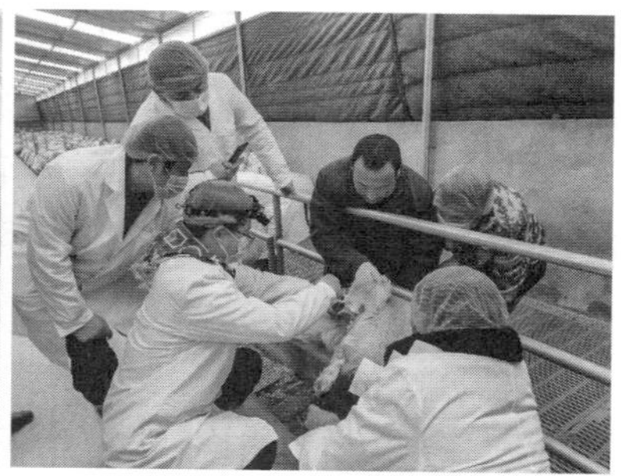

### （四）腹腔镜授精技术

1.母羊配种前的饲养管理

空怀期：空怀期是指母羊体成熟至妊娠或产羔断奶到下一次妊娠之间的间隔时间。该阶段的营养状况对母羊的发情、配种、受胎及胎儿发育都有影响，为提高繁殖母羊受胎率，羊群空怀期的饲养管理应保持较高的营养水平。

母羊产羔时间不一致，导致空怀期长短不一致，饲养管理中应按产羔时间对母羊进行分群管理；维持母羊的中等膘情，为配种做好准备，在营养方面从群体的角度出发，合理调整母羊的营养状况和日粮；及时淘汰老龄母羊、生长发育差及哺乳性能不好的母羊；对膘情不好的母羊进行短期优饲，提高饲料营养水平。

2.种公羊的饲养管理

（1）种公羊的选择

系谱齐全，符合品种特征，没有传染病（布鲁氏菌病、结核等），体质结实，不肥不瘦，精力充沛，性欲旺盛，精液品质好。

（2）种公羊的检查

睾丸的大小和质地（弹性），睾丸没有损伤及畸形；容易触摸到附睾尾（大小、弹性、硬度）；在阴囊颈部易触摸到实质较硬且有弹性的输精管；检查包皮、阴茎、尿道突是否正常。

配种之前检查公羊的采精量和精液质量。种公羊精液的量和品质取决于日粮的全价性和饲养管理的科学性及合理性。补饲日粮应富含蛋白质、维生素和矿物质，具有品质优良、易消化、适口性好等特性。在管理上，可采用单独组群饲养，并保证有足够的运动量。

（3）公羊的采精训练

种公羊的采精方法采用假阴道采精，采精前2~3周进行训练。其他公羊采精时，让未采过精的公羊在旁边“观摩”，以诱导其性欲。将发情母羊阴道分泌物或尿液涂在台羊后躯上诱导其爬跨。按摩公羊睾丸，早晚各一次，每次15~20分钟。

3.精液的稀释

（1）精液的采集

将台羊固定在固定架上，采精员蹲在台羊右后方，右手握假阴道，气卡塞向下，靠在台羊臀部，假阴道和地面约呈45度角。当公羊爬跨伸出阴茎时，迅速向前用左手托着公羊包皮，右手持假阴道与台羊成40~45度角，假阴道入口斜向下方，左右手配合将公羊阴茎自然地引入假阴道口内（切勿用手捉拿阴茎），公羊射精动作很快，发现抬头、挺腰、前冲，表示射精完毕。随着公羊从台羊身上滑下时，缓慢地把假阴道脱出，并立即将假阴道入口斜向上方，打开活塞放气，使精液尽快、充分地流入集精管内，然后小心地取下集精管并记录公羊号，放入30摄氏度恒温水槽中待检。

（2）精液的感官检查

正常羊精液为乳白色，无味或略带腥味。凡带有腐败臭味，出现红色、褐色、绿色的精液均废弃。

（3）精液量测定

精液的量可以用量具测量。在用假阴道采精时公羊平均采精量为1毫升，具体的量取决于公羊年龄、营养情况、采精频率及采精员操作手法。青年及瘦弱公羊采精量应相对较少。

（4）活力检测

将待检精液用等温稀释液与精液1：1稀释，并用移液器在中部取0.01毫升精液放在载玻片上进行精子活力检测，在200~400倍的显微镜下观察活力，至少观察3个视野。电脑记录精液活力，鲜精活力要求不小于0.6，否则将精液废弃处理。

（5）密度检测

取样时将移液器的移液头深入到集精管内精液的中间位置吸

取活力合格的精液0.035毫升，用无尘纸擦去移液头表面多余的精液，置于盛有生理盐水的比色皿中（反复吸取2~3次），充分摇匀，放入分光密度仪检测密度，读取检测数值。

（6）精液稀释

依据精液量、精子活力、密度，计算出所要添加的稀释液量，采用生理盐水或葡萄糖稀释液进行稀释。

①生理盐水稀释液

用生理盐水将精液稀释4倍或6倍左右，使每毫升有效精子数不少于7亿个，输精0.2毫升。

②葡萄糖稀释液

用葡萄糖将精液稀释4倍或6倍左右，使每毫升有效精子数不少于7亿个，输精0.2毫升。

4.母羊的发情鉴定

（1）外部观察

观察母羊的外部表现和精神状态，如食欲减退、鸣叫不安、外阴部潮红而肿胀、频繁排尿、活动量增加、阴道流出黏液。发情开始：黏液透明黏稠带状；发情中期：黏液白色；发情末期：黏液浑浊、不透明、黏胶状。输精时间应在中期或后半期。

（2）阴道检查法

通过用开膣器检查阴道黏膜颜色、润滑度、子宫颈颜色、肿胀情况、开张大小以及黏液量、颜色、黏稠度等来判断母羊的发情程度，此法不能精确判断发情程度，但可作为母羊发情鉴定的参考。

（3）试情法

母羊采用试情法来鉴定发情母羊。用公羊来试情，根据母羊对公羊的反应判断发情是较常用的方法。此法简单易行，表现明显，易于掌握。在大群羊中多用试情方法定期进行鉴定，以便及时发现发情母羊。

通过试情公羊及时发现发情母羊进行适时输精，是提高人工授精受胎率的重要措施。具体做法：在配种期内每日定时将试情公羊（结扎或带上试情布的公羊）放入母羊群中让公羊自由接触母羊，若母羊已发情，当公羊靠近时表现温顺、摇尾、愿意接受公羊的爬跨，将发情母羊另置于一圈内进行配种。

5.同期发情处理

（1）前列腺素(PG)+孕马血清(PMSG)法

对要适配母羊统一采用PG同期处理，每只母羊肌注1毫升PG，第9天再次肌注1毫升PG，同时注射PMSG200单位，次日使用试情公羊试情，对发情母羊进行空腹处理，发情后24~27小时进行腹腔镜输精。

（2）CIDR法

对要输精的母羊统一埋栓，埋栓日为第0天（每次放置CIDR时需要对埋栓器进行清洗），第12天撤栓同时肌注PMSG300单位，第13天母羊进行空腹处理，第14天对所有处理羊只进行腹腔镜输精。

6.腹腔镜输精操作步骤及要点

（1）输精室的要求

房间不宜过大，40平方米足够，室温保持18~25摄氏度，要求光线充足，地面坚实，空气新鲜，避免屋顶等处灰尘洒落，保持清洁，减少粪尿的污染。

（2）仪器设备

显微镜1台，腹腔镜1套，子宫内输精枪1套，腹腔镜保定架2台，液氮罐（冻精），恒温水浴锅等。

（3）输精时间

排卵时间和开始发情的时间有关系，母羊在发情开始后25~30小时正常排卵，排卵发生在发情后期。但有些发情持续时间短的母羊，排卵稍早。准确确定排卵时间对成功受精很重要。由于排出的卵子存活的时间很短，技术人员必须在排卵时让精子到达输卵管从而受精。在母羊发情后24~27小时进行腹腔镜输精。

（4）母羊输精前处理

手术器械在新洁尔灭液或75%酒精中浸泡消毒，将待输精母羊保定在腹腔镜保定架上。手术部位剪毛、剃毛，用消毒液擦洗消毒，将手术台抬起使母羊头部朝下。

（5）麻醉与解麻

输精前5分钟，在后肢大腿内侧肌肉注射麻醉药，依据羊只的体重确定注射剂量，术后需要解麻时注射同等剂量的解麻药。

（6）精液准备

温精输配时在腹腔镜输精枪内吸入稀释后的精液0.2毫升。冷冻精液在37摄氏度恒温水浴锅中解冻30秒后用灭菌纸巾擦干细管，装入羊腹腔镜输精枪中待用。

（7）腹腔镜输精

腹腔镜的套管穿刺针最佳部位在输精母羊腹部乳房下10~14厘米处，刺入位置偏上易刺穿膀胱，刺入位置偏下易刺穿瘤胃。在腹中线两侧分别使用直径为0.7厘米和0.5厘米套管穿刺针刺入。

用手向腹中线方向提起术部皮肤，另一只手的拇指和食指尽可能靠近穿刺针的前端，呈握拳状顶到母羊的术部皮肤上用刀刺入，当感觉套管针前端刺入母羊皮肤后，将穿刺针撤出，继续用套管向腹腔钝性穿透腹膜。通过气筒调节阀或套管阀对腹腔适度充气，以便对腹腔的观察。

（8）输精母羊子宫角观察

当两侧套管均插入腹腔后，通过0.7厘米直径的套管插入腹腔镜，对侧通过0.5厘米直径的套管插入输精枪，借助腹腔镜和输精枪找到子宫。

（9）输精部位及方式

双手配合使子宫角输精部位呈现在腹腔镜视野内，将输精枪靠近子宫角大弯处，用输精枪外套管内的前端细针以点式快速刺入子宫角内，输入精液，然后再对侧子宫角以同样方式进行输精，输精量为每只羊输入1支冻精，两侧子宫角各输一半。温精输配两侧子宫角也各输一半。

在输精枪刺入子宫角后输入精液，并随时通过腹腔镜探头观察在子宫角外侧是否有白色或乳白色的突起及输入精液是否顺畅。如有突起或精液输入不畅，说明针尖扎入子宫角内膜肌层内，应拔出输精枪针尖，重新选择位置再次刺入子宫角输入精液。

每次输精结束后从腹腔内取出所有的仪器浸泡在消毒液中待用，在术部涂抹碘酊，同时肌肉注射抗生素。

母羊输精消毒后，保证母羊在羊圈中至少停留2~3小时，并进行跟踪观察，输精后2小时第1次采食要控制饲喂量，为正常的1/3，不宜采食过多，以防腹腔内大网膜从创口处鼓出。

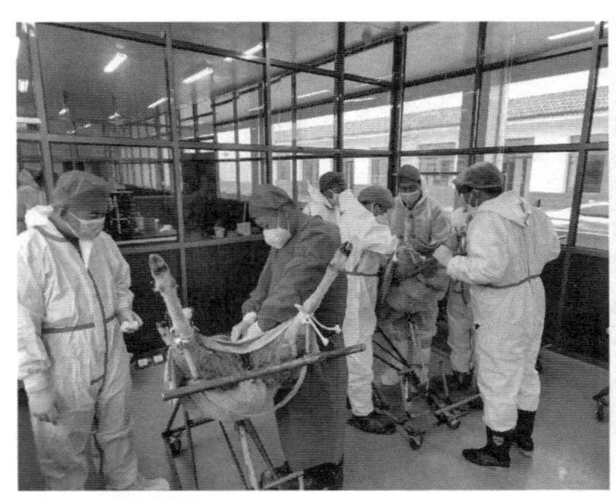

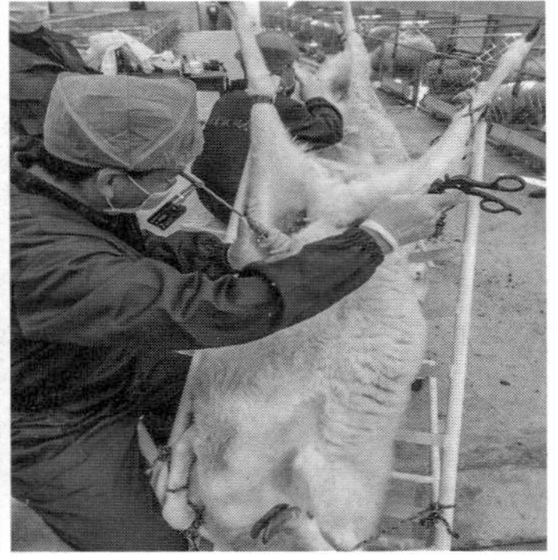

7.记录

术后做好各项记录，记录要及时、完整、准确、清楚，并按时汇总、归档和上报。

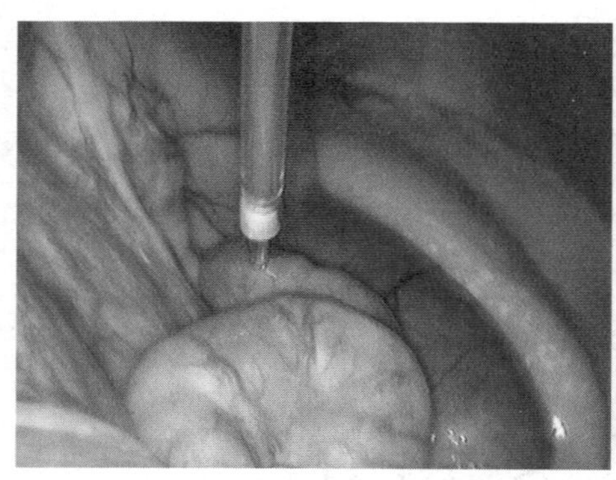
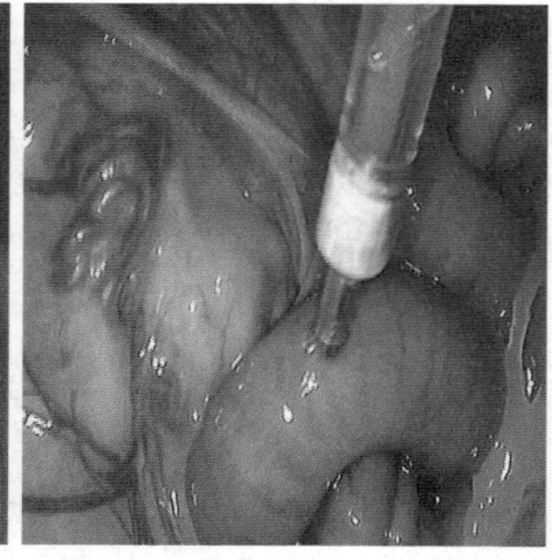

8.孕检

配种1个月后可采用B超进行孕检，也可在1个发情期后放入试情公羊进行孕检，做好孕检记录。

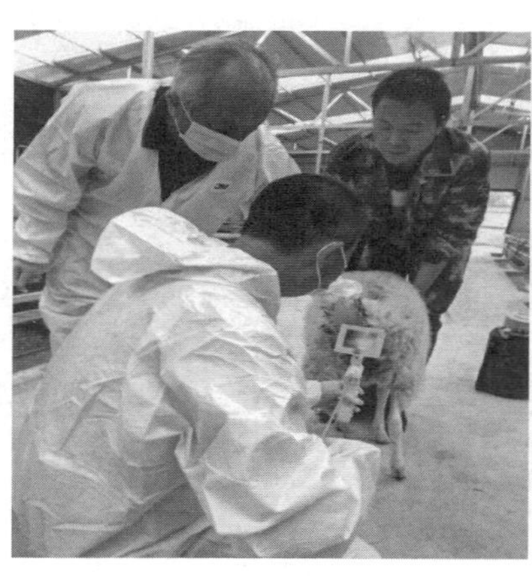
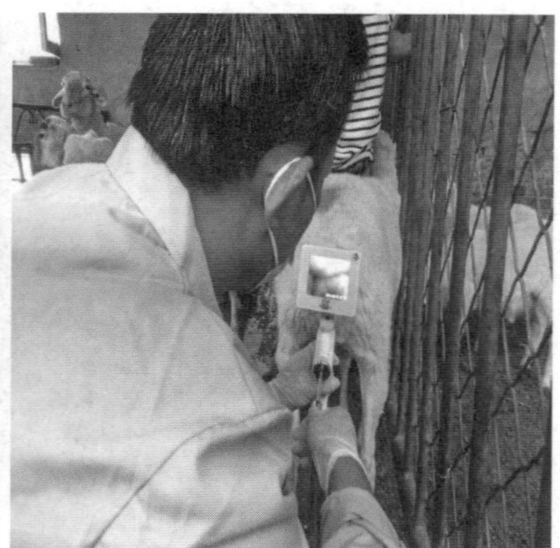

### （五）胚胎移植技术

胚胎移植是指利用超数排卵技术让优良品种母畜尽可能多地排卵，配种之后获得早期胚胎，在多只生理状况相同或接近的母畜子宫内完成移植，使胚胎继续发育成独立个体的过程。目前，中国的胚胎移植技术已由实验室阶段转向生产实际应用，在生产中发挥了重大作用。国家制定的2005—2015年科技规划，已将胚胎移植技术作为重点推广应用的产业化科技项目之一。因此，必须重视胚胎移植技术的应用和技术开发，加强技术培训，使其在高效养羊中发挥更大的作用。（具体操作规范见附件）

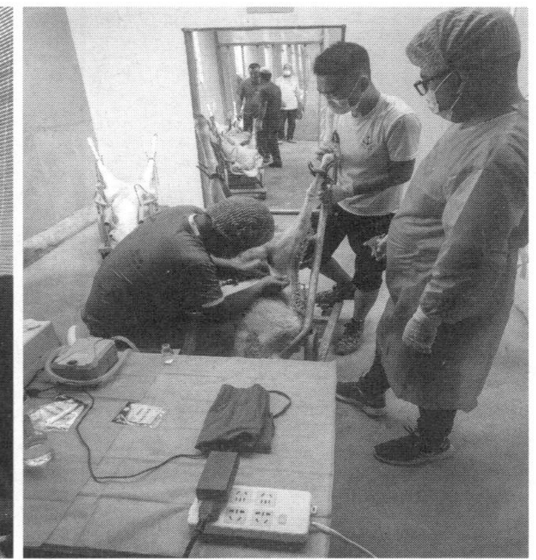

## 三、产羔

产羔多少、成活多少直接决定养殖效益，是养羊生产的重要环节。

（一）产羔前的准备工作

1.接羔圈舍及用具的准备

为产羔母羊和羔羊准备保温性能好的圈舍及优良的用具对提高羔羊成活率意义重大。一般来说300只产羔母羊的接羔室至少有90平方米，或在羊舍内临时建接羔棚；每个产羔母羊群至少要有10个分娩栏，50~80个护腹带，2~4个接羔袋。要求冬产母羊每只应有产羔舍面积2平方米左右，分娩栏约为产羔母羊的10%~15%。

产羔工作开始前3~5天，必须对接羔棚舍、运动场、饲草架、饲槽、分娩栏等进行修理和清扫，并用3%~5%的碱水或10%~20%的石灰乳溶液或其他消毒药品进行彻底消毒。消毒后的接羔棚舍，应做到地面干燥、空气新鲜、光线充足、挡风御寒。

2.饲草、饲料的准备

在牧区，在接羔棚舍附近，从牧草返青时开始，在避风、向阳、靠近水源的地方用围栏围起来，作为产羔用草地，其面积大小可根据产草量、草地的群落结构以及羊群的大小、羊群品质等因素决定，但至少应当够产羔母羊1.5个月的放牧用量为宜。有条件的羊场及农、牧民饲养户，应当为冬季产羔的母羊准备充足的青干草、质地优良的农作物秸秆、多汁饲料和适当的精料等；对春季产羔的母羊也应准备至少可以舍饲15天所需要的饲草饲料。

3.接羔人员、药品的准备

接羔是一项繁重而细致的工作，必须配备一定数量的劳动力，才能确保接羔工作的顺利进行。对所有参加接羔的工作人员，在接羔前组织学习有关接羔的知识和技术，准备羔羊常见病的必须药品和一次性手套等器材。

### （二）接羔

1.临产母羊特征

乳房肿大，乳头直立；阴门肿胀潮红，有时流出浓稠黏液；肷窝下陷，尤其以临产前2~3小时最明显；行动困难，排尿次数增多；起卧不安，不时回顾腹部，喜卧墙角，卧地时后肢向后伸直。

2.产羔过程及接羔技术

母羊正常分娩时，在羊膜破后几分钟至30分钟，羔羊即可产出。正常胎位的羔羊，出生时一般是前肢及头部先出，并用头部紧靠在前肢的上面。若是产双羔，先后间隔5~30分钟，但也偶有长达数小时以上的。因此，当母羊产出第1个羔后，必须检查是否还有第2个羔羊，方法是以手掌在母羊腹部前侧适力颠举，如系双胎，可触感到光滑的羔体。母羊一般可以自然分娩，但有的初产母羊因骨盆和阴道较为狭小，或双胎母羊在分娩第2个羔羊并已感疲乏的情况下，这时需要助产。助产方法：人在母羊体躯后侧，用膝盖轻压其腹部，等羔羊嘴端露出后，用一手向前推动母羊会阴部，羔羊头部露出后，再用一手托住头部，一手握住前肢，随母羊的努责向后下方拉出胎儿（助产人员最好戴一次性手套，预防布氏杆菌等疾病的感染）。若属胎位异常或其他原因难产时，应及时请有经验的畜牧兽医技术人员协助解决。

如碰到分娩时间较长，羔羊出现假死情况时，欲使羔羊复苏，一般采用2种方法：一种是提起羔羊后肢，使羔羊悬空，同时拍击其背胸部；另一种是使羔羊卧平，用手有节律地推压羔羊胸部两侧，暂时假死的羔羊，经过这种处理后，即能复苏。

羔羊出生后，一般情况下都是由自己扯断脐带。在人工助产下娩出的羔羊，可由助产者断脐带，断前可用手把脐带中的血向羔羊脐部捋几下，然后在离羔羊肚皮3~4厘米处剪断并用碘酊消毒。

3. 产羔母羊及羔羊的护理

根据经验，应做到“三防四勤”，即防冻、防饿、防潮和勤检查、勤配奶、勤治疗、勤消毒。接羔室和分娩栏内要经常保持干燥，潮湿时要勤换垫草。接羔室内温度控制在8摄氏度以上。具体要求是：

（1）母子健壮，母羊恋羔性强

产后一般让母羊将羔羊身上的黏液舐干，羔羊自主吃初乳或帮助其吃初乳后，放在分娩栏内或室内均可。在高寒地区，天冷时还应给羔带上用毡片、破皮衣制作的护腹带。若羔羊产在放牧地，吃完初乳后用接羔袋背回。

（2）母羊营养差、缺奶、不认羔、羔羊发育不良时，出生后必须精心护理，注意保温配奶、防止踏伤、压死。生后先擦干身上黏液，配上初乳。如天冷，则装在接羔袋中，连同母羊放在分娩栏内，羔羊健壮时从袋内取出。要勤配奶，每天配奶次数要多，每次吃奶要少，直到母子相认、羔羊能自主吃奶时再放入母子群。对于缺奶和双胎羔羊，要另找保姆羊或使用代乳粉。

（3）病羔

要做到勤检查、早发现、及时治疗、特殊护理。不同疾病采取不同的护理方法，打针、投药要按时进行。一般体弱腹泻的羔羊，要做好保温工作；患肺炎的羔羊，住处不宜太热；积奶的羔羊，不宜多吃奶。

产羔母羊在产羔期间，广大牧区的经验是分成3小群管理，即待产母羊群、3天以上母子群、3天以内母子群。待产母羊群夜宿羊圈；3天以上母子群，气候正常时，可赶到产羔草地放牧、饮水或放在室外母子圈，如羔羊小，可将羔羊放入室内；3天以内羔羊，应将母子均留在接羔室，如母子均健壮，亦可提前放入3天以上母子群，如羔羊体弱，可延长留圈时间，对留圈母羊必须补饲草、饲料和饮水。对体弱羔羊，不认羔的母羊及其所产羔羊，都应放在分娩栏内，白天天气好时，可将室内分娩母子移到室外分娩栏，晚间再移到室内，直到羔羊健壮时再归母子群。细毛羊和肉用羊的纯、杂种羔羊，吃饱奶后好睡觉，如天气热，卧地太久，胃内奶急剧发酵会引起腹胀，随即腹泻，所以在草地或圈内，不能让羔羊多睡觉，应常赶起走动。天气冷时，应立即赶入接羔室，防止因冻面引起感冒、肺炎、腹泻等疾病。

为了母子群管理上的方便，避免引起不必要的混乱，应对母子群进行临时编号，即在子同一体侧（单羔在左，双羔在右）编上相同的临时号。

（4）断尾和去势

尾巴较长的细毛羊生产中经常断尾，便于母羊配种，同时减少后躯毛被污染。绵、山羊的公羊不作种用时，经常去势，便于饲养管理和快速育肥。

①断尾方法

烙切法。最好在产后2~3周时进行，断尾时应选择晴天的早晨，一般常用断尾铲进行断尾。断尾处大约离尾根4厘米，约在第三尾椎和第四尾椎之间，但断尾铲温度不宜过高，断尾时速度不宜太快，应边烙边切，以避免流血，断尾后可用浓度为2%~3%的碘酒涂抹伤口进行消毒。采用热断法断尾，虽然当时羔羊痛苦，伤后创口要3~7天才能愈合，但痛苦时间相对而言要短得多。只要术者操作方法得当，其消毒、止血作用是有效可靠的。

结扎法。羔羊生后7~15天，用橡皮筋结扎尾根部，保留2~3节尾椎骨。此方法虽然简便、不出血、愈合快，但由于橡皮筋勒入较慢、伤口较深，伤处易形成厌氧环境，羔羊会到处蹭，造成伤口出血，易感染破伤风等疾病。处理时，要注意松紧适度，期间注意观察，消毒1~3次，羊尾结扎后7~10日能自行脱落。

②去势方法

手术法。去势时间也要选择在晴天的上午进行，由一人固定住羔羊的四肢，并使羔羊的腹部向外，另一人将阴囊上的毛剪掉，在阴囊下1/3处涂上碘酊消毒，然后用消毒过的手术刀将阴囊下部切除一段，将睾丸挤出，慢慢拉断血管和精索，伤口处涂上消毒药物即可。去势1~3天后，应进行检查，如发现有化脓、流血等情况要进行及时处理，以防进一步感染造成羊只损失。

橡皮筋结扎法。出生3~5天的公羔或待去势的大公羊，用橡皮筋在阴囊的基部缠绕数圈，扎紧后3~5天，睾丸萎缩、自行脱落。此方法安全、简便有效。

去势钳法。用去势器给绵、山羊去势。将羊侧卧，一人用小腿靠拢羊的背侧轻轻按压，用手分别固定羊头和前肢；另一人将羊的后肢拉向前方，充分暴露睾丸。去势术者先将羊一侧睾丸的精索固定在该侧阴囊皮肤上的外侧方，用一手固定，另一手张开去势钳，术部在睾丸上方2~3厘米处，按压钳柄，即可完成去势。为了保险起见，可在术部上方再夹1次。用同一种方法挫断另一侧精索，最后术部涂擦碘酊。去势后羊行走小心谨慎，后肢外展，5~7天睾丸肿大，逐渐萎缩变小。4~5月龄的羔羊去势后3个月左右睾丸消失，触摸阴囊内部空虚；成年公羊去势后睾丸萎缩变小至拇指大，形成硬固的肉蛋，雄性消失，性情变温顺。该法去势不受天气和条件影响，除冬季外，露天或阴雨时亦可进行，效果安全可靠，副作用小，操作简便，节省时间，去势后无须专人看管，可随羊群一起出牧。

# 第四章

## 肉羊圈舍建设

# 第四章　肉羊圈舍建设

临夏州的畜牧业以农区畜牧业为主，舍饲圈养是畜牧业的主要生产方式。因此，研究舍饲畜牧业也称设施畜牧业的相关问题，成为农区畜牧科技界关注和研究的重点。围绕动物生产生活习性，创造适宜动物生产和生长的环境，最大限度地提高养殖效益是舍饲畜牧业追求的目标。其中最核心的问题是圈舍的建造问题。圈舍建造是为了给畜禽创造适宜的生活环境，保障畜禽的健康和生产的正常进行，圈舍建造要符合不同畜禽品种生长、生产要求，便于卫生防疫，经济合理、技术可行。因此，圈舍建造要尽量利用有利条件，就地取材，按照塑料暖棚圈舍标准进行建设，以便冬季扣棚，解决“一年养畜半年长”的问题。

## 一、肉羊养殖场、养殖小区选址及建设

1.场址选择

地势干燥、平坦、地下水位在2米以下；山区不能建在山顶或山谷，地势倾斜度在1%~3%为宜，大山区最大不超过25%；场地较开阔、方正，无地质灾害发生；在舍饲为主的农区要有足够的饲草饲料基地或饲草饲料来源；水源充足，要有清洁而充足的水源，且取用方便、设备投资少，水质符合无公害畜产品《畜禽饮用水水质》《畜禽产品加工用水》等标准。

距离城镇或人口集中居住区不小于1000米，距离交通主干道不小于500米，远离其他畜禽养殖场，周围1500米内无化工厂、畜产品加工厂、屠宰厂、兽医院等容易产生污染的企业和单位。

建场地电力供应方便，通信基础设施良好；场址及周围未被污染，没有发生过任何传染病；周围有足够的土地面积消化羊粪和污水；不在水源保护区、自然保护区、环境严重污染区、畜禽疫病常发区、山谷洼地建场。

2. 布局

按管理区、生产区、饲料区、隔离区和粪污处理区布置。各区功能界限明显、联系方便。功能区间、肉羊场周围设绿化隔离带。

管理区设在场区常年主导风向的上风向及地势较高处，包括办公设施、生活设施、与外界联系密切的生产辅助设施等。管理区与生产区严格分开，保证50米以上距离。

生产区建在羊场中间位置，包括羊舍、运动场和羔羊舍，生产区应相对独立。

饲料加工区与生产区分离，位置应方便车辆运输。

场内草场设置应方便运输，配套建设青贮设施。

隔离区包括病羊舍和粪污处理区等，建在生产区的下风向。

羊场与外界有专用通道与交通干道连接，羊场大门口和生产区门口设车辆消毒池；人员进出处设置消毒通道和更衣室。

3. 肉羊舍建设

羊舍可采用单列式和双列式。羊舍建筑采用砖混结构或轻钢结构。

羊舍面积。按产羔母羊2平方米，种公羊（单饲）4~6平方米，种公羊（群饲）2~2.5平方米，青年公羊1平方米，青年母羊

0.7~0.8平方米，断奶羔羊0.2~0.3平方米，肉羊（当年羔）0.6~0.8平方米建设。羊舍设置运动场面积为羊舍的1.5~2倍，产羔室面积按产羔母羊数的25%计算。

畜舍地面。实地面又以建材不同而分为黏土、三合土（石灰：碎石：黏土=1：2：4）、石地、砖地、水泥地等。

墙。墙是畜舍的主要围护结构，具有防护、隔热、保暖的作用。根据临夏州的情况墙应采用半封闭式和封闭式。

颈架。可采用简易木制颈架，也可采用钢筋焊接颈架，用活动铁框，让羊只进入饲槽铁栏后，放下活动铁框卡住羊颈。颈架宽度：成年羊每只40~50厘米；羔羊每只23~30厘米。

羊舍栏高1.8米，运动场栏高1.2米。

肉羊舍屋面应具有防止雨雪和风沙袭击及隔绝强烈阳光辐射的功能，其材料有土木顶、石棉瓦、油毡、塑料薄膜。肉羊舍屋顶采用单坡式、双坡式或拱式屋顶。

舍内饲喂通道宽度应满足饲喂操作。饮水设施，舍内应建饮水槽，槽长0.6厘米，槽宽40~50厘米，槽高20~30厘米，槽内深15厘米。

雨水和污水分开，具备良好的清粪排污系统。羊舍地面和墙壁建设选用便于清洗消毒的材料，地面坡度1%~1.5%。

繁殖场要有运动场，按每只羊10平方米的标准进行建设；育肥场可不设运动场。

粪尿沟沟底坡度大于0.6%；产仔栏按成年母羊的30%~40%设置。

4.饲料加工设施

肉羊场应配套足够面积的干草库和精饲料库；养殖小区应配套分户管理的单独饲料库；干草库、精料库应做防潮通风处理。

5. 肉羊场道路

场内道路分净道和污道，两者严格分开。肉羊场内主道宽大于4米，辅道宽大于3米。集中进出的肉羊场道路交叉口设活动开关栏杆。

6. 配套设施

给水设施按存栏量20天用水量进行设计。养殖场和养殖小区都要有统一的消防通道和必要的消防设施。

7.兽医卫生

肉羊场四周应建设围墙、防疫隔离带设施。大门口消毒池能承受通行车辆的重量，长4米，深5~10厘米。肉羊舍间距5~8米设隔离带。病死羊只处理应采取高温处理法、深土掩埋法进行处理。

8.环境保护

新建肉羊场和养殖小区都必须有相应的污水和粪便处理设施。

场区空气质量、污水处理、粪便处理情况都应经过环境评估，应符合国家的相关规定。

9. 附属设施

（1）人工授精室

人工授精室应包括采精室、精液处理室和输精室，各室面积分别为8~12平方米、10~12平方米和20~25平方米。室内要求光线充足，地面坚实，空气新鲜。各室之间应互相连接，便于各工作环节的连续操作。人工授精室内应配备齐全的器材和药品，防止伤害精子；人工授精室建在生产区，邻近种公羊舍和生产母羊舍，以便进行人工品质检验及人工授精工作。

（2）兽医室

羊场应建有兽医室，方便防疫、消毒和常见病的治疗工作，建在生产区的适宜地方。室内配备常用的消毒器械、诊断器械、手术器械、注射器械和药品等，室外应装有保定架等。随着肉羊生产的集约化和规模化发展，羊场的兽医卫生保健工作应逐步实现制度化、机械化和自动化，提高劳动生产率。

（3）饲料青贮设施

青贮料是各类羊皆宜的优质饲料，更是农区舍饲条件下，肉羊生产的主要粗饲料来源。为制作和保存青贮料，应在羊舍附近修建青贮设施。通常的青贮料容器主要有青贮窖、青贮壕、青贮塔及青贮袋等。在建造青贮窖（塔）时应选择地势干燥、离羊舍近、排水好的地方。

目前，规模化肉羊养殖场多以青贮窖为主。青贮窖多为长方形，根据具体情况可建造全地上、全地下或半地上、半地下均可。地下式使用地下水位低的地区；永久型用砖混垒砌。青贮窖壁要光滑、坚实、不透水、上下垂直。一般要求窖底应高出地下水位0.5~1米，窖口制成“凹”字形便于封顶压膜，一般深2.5~3米，宽3~4米，长度不一，可根据养羊多少自定，特点是建造简单、

成本低、易推广，适合小型养羊农户。但窖、壕中易积水，常引起青贮霉烂，因此应注意在周围设排水沟。目前，规模化肉羊养殖场多采用全地上式青贮窖。

（4）隔离圈舍

养羊厂区应建设专门的隔离羊舍，并与普通羊舍要保持一定距离，羊患病后，应及时将其放入隔离舍进行观察治疗，预防一些传染类疾病，便于及时治疗，待治疗痊愈后再归群；新购进的羊，为防止疫病传播，也应该先饲养在隔离舍内，通过一段时间的饲养观察，并做相应的检测确定无疫病后再归群。隔离羊舍应在羊出入前后进行彻底的消毒。

（5）消毒池

消毒池是为来往人员和车辆进行消毒的设施，建在生产区通道口和羊场大门口。人员使用的消毒池长2.5米，宽1.5米，深0.1米，采用踏脚垫浸湿药液后放入池内进行消毒，把踏脚垫用20%新鲜石灰乳、2%~3%的氢氧化钠或3%~5%的来苏尔溶液浸泡，对推车、人员的足底进行消毒，消毒液应维持有效浓度。车辆消毒池长4米，宽3米，深0.15米，池底稍低于路面，坚固耐用，不透水；在池上设置棚盖，防止降水时稀释药液，并设排水孔便于更换消毒液。

（6）药浴设施

药浴池是大型羊场或养羊集中的乡村对羊进行药浴的主要方式。药浴池可用水泥、砖、石材等砌成长方形，就像狭长而深的水沟。长10~12米，池顶宽60~80厘米，池底宽40~60厘米，以羊能通过但不能转身为原则，深1~1.2米。入口处设漏斗形状的围栏，使羊按顺序进入药浴池。药浴池入口呈陡坡，羊进入后能迅速没入池中，出口有一定的倾斜坡度，斜坡上有横木条或小台阶，这样羊就不容易滑倒；除此之外，羊可以在斜坡上停留一些时间，使身上残存的药液流回浴池，减少药液的浪费。

## 二、肉羊标准化圈舍设计建造要点

肉羊标准化圈舍按管理区、生产区、饲料区、隔离区和粪污处理区布置。功能区间、肉羊场周围设绿化隔离带。选址要地势干燥、平坦、地下水位在2米以下、有充足水源（自来水或井水）、水质良好、交通便利、供电稳定、无污染、无疫源的地方，

处于村庄常年主导风向的下风向，距公路和村庄500米以上。肉羊舍采用单列式或双列式；肉羊场按能繁母羊2平方米，种公羊（单饲）4平方米建设，产羔室面积按产羔母羊数的25%计算。单列式圈舍宽度为5米，长度30米左右，双列式圈舍宽度为9米，长度50米左右为宜，根据场地面积可做适当调整。羊舍设置运动场面积为羊舍的1.5~2倍。

## 三、养殖场（小区）的第六代对头双列式圈舍

第六代圈舍的特点是高起架、人字梁、嵌合顶、卷帘窗。

把圈舍高度都提到3.5米，也就是1.5米的墙，2米的卷帘窗，顶高5米。

圈舍坐北朝南、东西走向，便于采光，以达到日照时间长，提高圈内温度的目的。根据养殖场的设计规模及地形来确定圈舍的大小，一般圈舍宽度为12米，长度在60米左右为宜，圈舍之间

的距离应在8米左右。

基础要求坚固耐久、抗机械能力及防潮、抗震、抗冻能力强。依据圈舍的长宽尺寸画好线后进行施工，基础深度一般比冻土层深50~60厘米，宽度为墙厚度的2倍。采用3：7的石灰（粉碎过筛）细土混合，充分拌匀后倒入基础槽内，夯实，厚度为15厘米，为了加固，最好做双层。

圈舍宽度为12米（以前后墙中心线为准），长度根据生产规模和场地大小确定。

畜床用3：7或2：8的石灰土铺10厘米左右厚度，将其夯实，然后铺设混凝土床面，并在距后墙30厘米处留排粪沟，前高后低，要求畜床要高于外面，利于排水。

食槽宽80厘米，前沿高60厘米，后沿高80厘米，深度为35厘米，底为圆形底，用水泥抹光，饲喂通道的宽度为3米左右。

间柱设置在食槽中心线向外40厘米处，即食槽的后沿，由于间柱又作为栓畜柱，应选用钢管为宜，间柱的基础为水泥基础，由地面下挖65厘米，长、宽40厘米的坑，用基石或水泥浇筑，固定间柱并防止下沉。

屋面在立屋架时根据设计要求，确定间柱的位置，一般间距为4~5米，总高度为3.5米，采用彩钢作屋面，并形成中高外低的对称式双坡屋顶。

门栏要安全、牢固，向外开，牛出入门规格为1.2米×2米，位置在前墙或后墙，饲喂门正对饲喂通道，宽度根据具体情况灵活掌握。

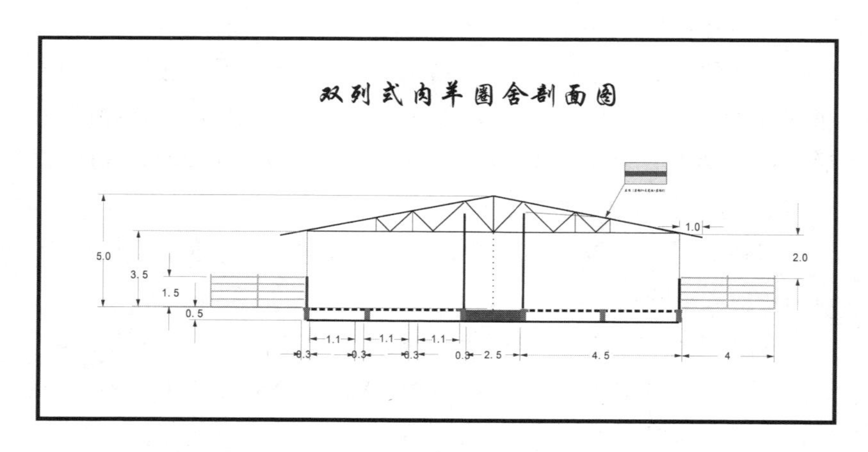
双列式肉羊圈舍剖面图
5.0
3.5
1.5
0.5
1.0
2.0
1.1
1.1
1.1
0.3
0.3
0.3
0.3
2.5
4.5
4

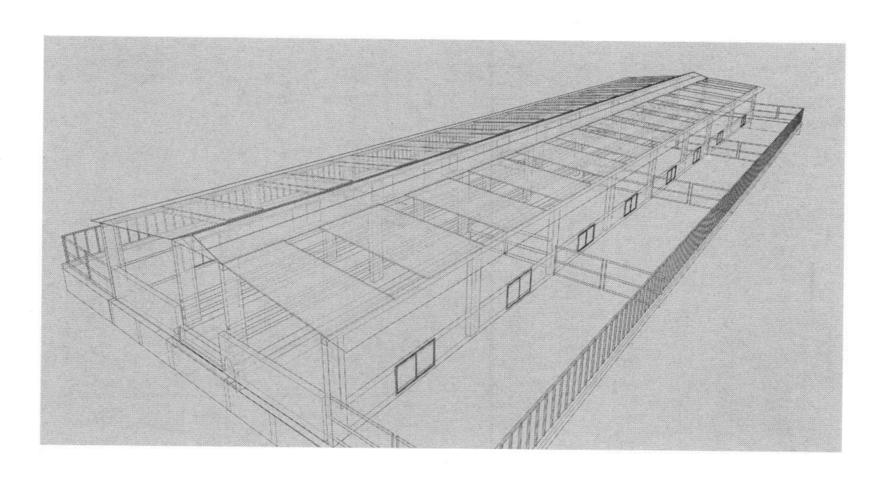

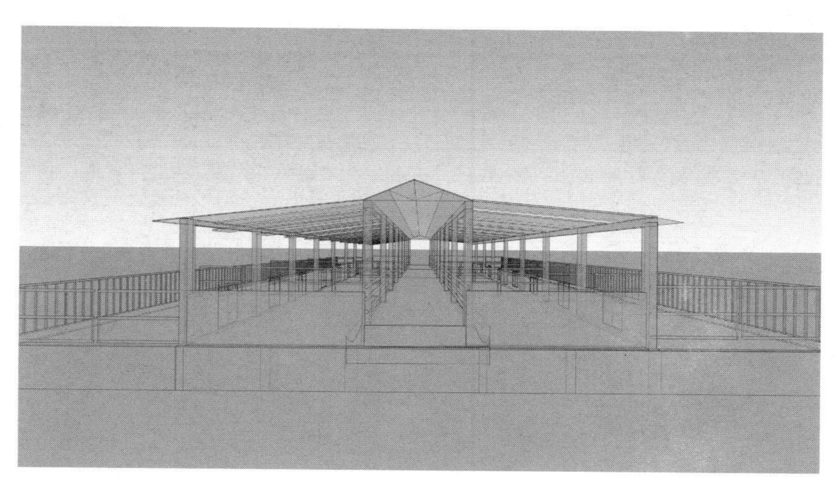

# 第五章

## 饲草料生产及利用

# 第五章　饲草料生产及利用

饲料是畜牧业发展的基础，它占整个畜牧业生产成本的70%左右，是畜牧产业开发的重要内容之一。下面从优质牧草栽培、配合饲料生产、秸秆氨化、秸秆青贮和畜产品安全等五个方面来简述饲草料的生产及利用。

## 一、优质牧草栽培

临夏州栽培的优质牧草主要有紫花苜蓿、红豆草、三叶草、籽粒苋等。这里重点讲紫花苜蓿。紫花苜蓿是世界上最著名的多年生优质豆科牧草，称为“牧草之王”。它也是临夏州牛羊生产利用最广的牧草，有很多品种，临夏州播种的主要有陇东苜蓿、加拿大阿尔冈金、美国金皇后等品种。紫花苜蓿寿命长，利用年限可达10年以上，产草量高，盛产期亩产鲜草4000千克左右，折合成干草为450千克左右。它蛋白质含量高，一般可达22%左右，在春、夏、秋季均可播种，种子用量每亩1.5~2千克，播深2厘米左右，条播行距20~40厘米，施肥以磷肥和钾肥为主。苜蓿鲜草不能单独饲喂，必须和氨化麦草、青贮玉米草混合饲喂，否则会引起瘤胃臌气，又称“腹胀病”。

（一）整地与施肥

苜蓿种子很小，若没有好的整地质量，播种质量就会受到影响。因此，要求秋翻、秋耙、秋施肥。翻地深度在25厘米以上。夏播时，在雨季到来之前翻地和耙地，与早熟作物复种，在前作物收获后，随即翻地和耙地。有灌溉条件的地区，翻地前最好能灌1次透水，趁湿播种，保证出苗整齐。施肥以有机肥为主，每亩2000~3000千克。为促苜蓿生长初期生育旺盛，每亩可增施过磷酸钙150~200千克、硫酸钙5~15千克，与有机肥混拌后，翻地前施入。

（二）播种

1.品种选种

选择适应本地区生态条件的高产稳产的阿尔冈金、金黄后等品种。

2.种籽处理

苜蓿种子的发芽力可保持3~4年，种子的硬实率为40%，种子越新鲜，硬实率越高；播前晒种2~3天，以提高发芽率。

3.播种期

可春播，也可秋播。春播应早播，在川灌区可以春播也可秋播；干旱山区以秋播为主。

4.播种量

播种量在川灌区1千克左右，干旱山区2千克左右。

5.播种方法

可选用单播和混播。小面积高产饲料地多采用单播，大面积人工草地多采用与草谷混播。

（三）田间管理

1.中耕除草

苗期生长缓慢，不耐杂草，常因草荒严重而致苜蓿地变成荒草地，导致大量减产，乃至绝灭，故及时消灭杂草十分重要。

中耕除草包括苗期、中期和后期的除草3部分。苗期杂草可用地乐酯、2.4-DJ酯等防治，成龄苜蓿的杂草可用地乐酯、西玛津、2.4-DJ酯等防治。除草剂常在杂草萌发后的苜蓿地施入，效果较好。

2.间苗和补苗

苗密，小苗拥挤，影响生长；苗稀，常被杂草覆盖，也会降低产量和品质。因此，应根据种植情况及时补苗或间苗。

3.消除病虫害

紫花苜蓿易受螟虫、盲椿象及一些甲虫的危害，应早期发现，尽早防治。另外，苜蓿易感染菌核病、黑茎病等，要早期拔除病株。鼢鼠对草地的危害很大，应在其繁殖季节通过人工或药物进行防治。

4.收获

收获过早，苜蓿产量低；收获过晚，苜蓿质量差，而且还会影响新芽的形成，造成缺株退化。当年春天播种的苜蓿，可于8月刈割1次；经30~40天再生，在封冻前可再刈割1次。夏播的在封冻前刈割1次。2年后的苜蓿，在始花期刈割1次，经再生后50天左右始花时进行下一次刈割，第3次刈割应在11月上旬，留茬5厘米左右，以备积雪防寒。临夏州在苜蓿收割上普遍存在随割随喂的现象，这种收割方式浪费很大，不仅无法保证苜蓿草营养，而且造成产量大幅度下降，要彻底改变这种落后的收割方式，才能保证苜蓿草优质高产。

## 二、配合饲料生产

配合饲料是根据畜禽生长发育所需要的各种营养物质而配制的成品饲料。农户可根据自己的饲养规模直接从饲料经营商那里购买成品饲料进行饲喂，规模养殖场根据畜禽饲养标准自己生产，这样可以降低饲料成本。配合饲料生产应用改变了长期以来有什么喂什么的效益低下局面，显著地提高了畜禽的生产性能，配合饲料在猪、鸡和奶牛养殖中应用较广，在肉牛和肉羊养殖中也开始大量使用。配合饲料的使用量一般在肉牛生产上按1%饲喂，在肉羊生产上按体重的1.5%饲喂，在奶牛生产上产奶牛按5千克基础饲料加产奶量的1/3饲喂，育成牛按体重的1%，犊牛按体重的1.5%饲喂。在牛羊养殖过程中最好用育肥牛羊、产奶牛、育成牛、犊牛专用饲料，才能收到更好的效果。饲喂在配合饲料生产中，必须以饲养标准为依据，饲养标准就是动物在生长、生产过程中对各种营养物质的需要量，不同的畜禽要依照对应的饲养标准，同一畜禽在不同的生长发育阶段采用不同的饲养标准，这样才能最大限度地发挥配合饲料的增产效能。另外，要尽量利用本地精饲料资源，目前临夏州饲料加工业发展缓慢，配合饲料主要应用州外商品料，相当一部分养殖场户还用简单配制的混合饲料，造成饲料巨大浪费。为迅速改变这一现状，建议广大养殖场户使用知名品牌的商品专用浓缩料，根据浓缩饲料使用说明按比例添加玉米和麸皮，是一种简洁实用的配合饲料生产办法。禁止使用违禁药品和添加剂，确保饲料质量安全，保证了饲料质量安全才能保证畜产品质量安全，才有可能实现畜产品无公害生产。

牛羊的营养需要包括蛋白质、能量、干物质、粗纤维、钙、磷、镁、食盐、维生素和微量元素等。需补充的维生素主要有维生素A、维生素D、维生素E、烟酸、胡萝卜素等，微量元素主要有铁、铜、锌、锰、钴、硒、碘。牛羊消化主要依靠瘤胃微生物完成，满足奶牛营养，一方面要满足牛羊自身的需要，另一方面更要满足瘤胃微生物的营养需要，只有让瘤胃微生物发挥最大作用，才是养好牛羊的关键。饲料结构对瘤胃微生物影响非常大。

**（一）粗饲料**

粗饲料主要包括干草、秸秆、青绿饲料、青贮饲料4种。干物质中粗纤维含量大于或等于18%的饲料统称粗饲料。

1.干草

水分低于15%的野生或人工栽培的牧草，以禾本科或豆科牧草为主，如野干草、苜蓿干草等。

2.秸秆

农作物收获后的秸、藤、蔓、秧等，如玉米秸、麦草、谷草、马铃薯秧、豆秧等。临夏州用麦秸饲养奶牛，而且以麦秸为主要或唯一粗饲料，这种方式不能满足奶牛的营养需要，应该增加其他干草、青干草或青绿饲料。

3. 青绿饲料

水分含量大于或等于45%的野生或人工栽培的禾本科或豆科牧草和农作物植株，如野青草、青大麦、青燕麦、青苜蓿、三叶草、紫云英和青饲全株玉米等。

4. 青贮饲料

以青绿饲料或青绿农作物秸秆为原料，通过铡碎、压实、密封、经乳酸发酵制成的饲料。含水量一般在65%~75%，pH4.2左右。含水量45%~55%的青贮饲料称低水分青贮或半干青贮，pH4.5左右。收获玉米后的带绿色的玉米秸秆是本地区制作青贮饲料的主要原料。许多大型养牛场大量使用全株青饲玉米制作全株青贮的效果非常好。

**（二）精饲料**

干物质中粗纤维含量小于18%的饲料统称精饲料。精饲料又分能量饲料和蛋白质补充料。干物质粗蛋白含量小于20%的称能量饲料；干物质粗蛋白含量大于或等于20%的精饲料称蛋白质补充料。

精饲料主要有谷实类、糠麸类、饼粕类3种。

1. 谷实类

粮食作物的籽实，如玉米、大麦、燕麦、稻谷等为谷实类，一般属能量饲料。

2. 糠麸类

各种粮食加工的副产品，如小麦麸、玉米皮等糠麸类也属能量饲料。

3. 饼粕类

油料的加工副产品，如豆饼（粕）、菜籽饼（粕）、胡麻饼、葵花籽饼等，均属蛋白质补充料。

### （三）多汁饲料

干物质中粗纤维含量小于18%，水分含量大于75%的饲料称为多汁饲料，主要有块根、块茎、瓜果、蔬菜类和糟渣类。

#### 1.块根、块茎、瓜果、蔬菜类

胡萝卜、萝卜、马铃薯、甘蓝等均属能量饲料（以干物质计）。

#### 2.糟渣类

粮食、豆类、块根等湿加工的副产品。如淀粉渣属能量饲料，豆腐渣属蛋白质补充料，甜菜渣因干物质粗纤维含量大于18%，属粗饲料。

### （四）饲料添加剂

#### 1.矿物质添加剂

可供饲用的天然矿物质，称矿物质饲料，以补充钙、磷、镁、钾、钠、氯、硫等常量元素（占体重0.01%以上的元素）为目的，如石粉、碳酸钙、磷酸钙、磷酸氢钙、食盐、硫酸镁等。

#### 2.维生素和微量元素添加剂

为提高生产性能和饲料利用率，促进生长及维持繁殖性能，保障奶牛健康等目的而掺入饲料中的少量或微量营养性或非营养性物质，称饲料添加剂。奶牛常用的饲料添加剂主要有：维生素A、维生素D、维生素E、烟酸等；微量元素（占体重0.01%以下的元素），如铁、锌、铜、锰、碘、钴、硒等；氨基酸，如保护性赖氨酸、蛋氨酸；瘤胃缓冲调控剂，如碳酸氢钠、脲酶抑制剂等；酶制剂，如淀粉酶、蛋白酶、脂肪酶、纤维素等分解酶等；活性菌（益生素）如乳酸菌、曲霉菌、酵母制剂等；另外还有饲料防霉剂或抗氧化剂。

3. 关于动物源性饲料问题

动物产品加工制成的饲料称动物源性饲料，如牛奶、奶粉、鱼粉、骨粉、肉骨粉、血粉、羽毛粉、蚕蛹等。中国明确规定，禁止利用骨粉、肉骨粉等动物源性饲料饲养反刍动物。

（五）其他饲料品种

市场上常见的有预混料、浓缩料、精料补充料。

1. 添加剂预混料

有维生素预混料、微量元素预混料、符合预混料（含维生素和微量元素等）。维生素和微量元素预混料，一般配成1%的添加量（占混合饲料的比例）。适用于规模养殖户使用的预混料，也有配成5%的添加量，它是在1%预混料的基础上补充钙、磷、食盐、瘤胃缓冲剂等成分，使用比较方便，而且容易混合均匀。

2. 浓缩饲料

浓缩料是在预混料基础上补充了蛋白质饲料，一般配成30%~40%添加量（占混合精料的比例），适用于一般养殖户。在浓缩饲料基础上补充能量饲料（玉米、麸皮等）即可成为精料补充料。

3. 精料补充料

将谷实类、糠麸类、饼粕类、矿物质、瘤胃缓冲剂及添加剂预混料按一定比例均匀混合后的饲料称精料补充料。

4. 全混合日粮

根据牛羊的营养需要，按照日粮配方，将粗饲料、青贮饲料、精料补充料、糟渣类、多汁饲料等混合均匀后称全混合日粮。但由于混合设备价格较高，一般养殖户难以做到。

## 三、青贮饲料

饲料青贮技术是保持营养物质最有效、最廉价的方法之一。尤其是青饲料，虽营养较为全面，但在利用上有许多不便，长期使用必须考虑青贮保存。

1.青贮饲料的特点

（1）可以最大限度地保持青绿饲料的营养物质。一般青绿饲料在成熟和晒干之后，营养价值降低30%~50%，但在青贮过程中，由于密封厌氧，物质的氧化分解作用微弱，养分损失仅为3%~10%，从而使绝大部分养分被保存起来，特别是在保存蛋白质和维生素（胡萝卜素）方面要远远优于其他保存方法。

（2）适口性好，消化率高。青饲料鲜嫩多汁，青贮使水分得以保存。青贮料含水量可达70%。同时，在青贮过程中由于微生物发酵作用，产生大量乳酸和芳香物质，增强了其适口性和消化率。此外，青贮饲料对提高家畜日粮内其他饲料的消化性也有良好作用。

（3）可调剂青饲料供应的不平衡。由于青饲料生长期短，老化快，受季节影响较大，很难做到一年四季均衡供应，而青贮饲料一旦做成可以长期保存，保存年限可达2~3年或更长，因而可以弥补青饲料利用的时差之缺，做到营养物质的全年均衡供应。

（4）可净化饲料，保护环境。青贮能杀死青饲料中的病菌、虫卵，破坏杂草种子的再生能力，从而减少对畜禽和农作物的危害。另外，秸秆青贮已使长期以来焚烧秸秆的现象大为改观，使这一资源变废为宝，减少了对环境的污染。

基于这些特性，青贮饲料作为肉牛的基本饲料，已越来越受到各国重视。

2.青贮窖

青贮窖应选择在地势高、向阳、干燥、土质坚实的地方建造，采取地上式和半地上式，切忌建在低洼处，应避开交通要道、垃圾和粪便堆积处。

一般青贮窖深2.5~3米，宽采用上大下小（如上口为2米，下底约1.7米)，长可以依据地形和饲养肉牛的多少来确定，窖口应高出地面1米左右。

青贮窖的四周应该平整光滑、底部坚实、四角圆滑，装填时可以在四周衬以饲料薄膜，防止漏气。

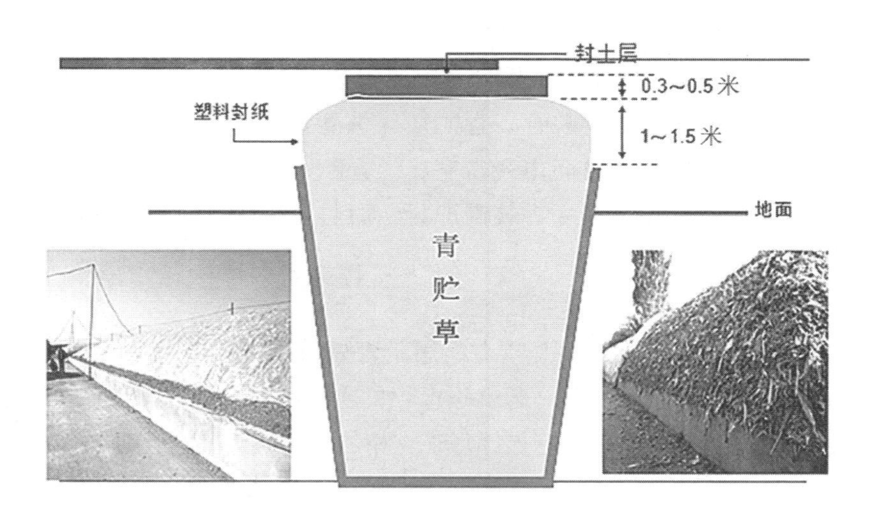

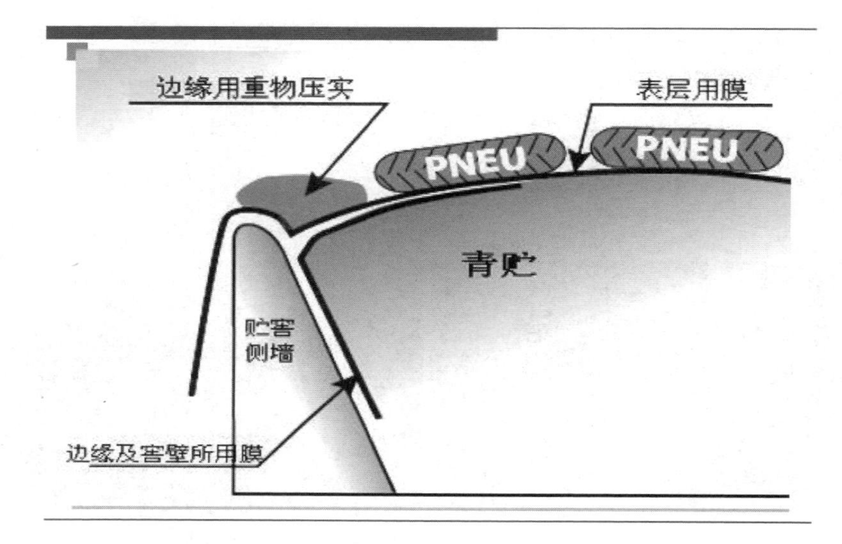


3.青贮的种类及青贮饲料的利用

青贮是一项突击性工作。一定要集中人力、机械，一次性连续完成。贮前要把青贮窖、青贮切碎机准备好，并组织好劳力，以便在尽可能短的时间内突击完成。青贮时要做到随割、随运、随切，一边装一边压实，装满即封。原料要切碎，装填要踩实，顶部要封严。

（1）全株青贮技术要点

全株青贮玉米饲料是指专门用于青贮的玉米品种，在蜡熟期收割，茎、叶、果、穗一起铡碎青贮，这种青贮饲料具有产量高、营养丰富、适口性强的特点，每千克相当于0.4千克优质青干草。

适时收割：专用全株青贮玉米的适宜收割期在蜡熟期，即籽粒剖面呈蜂蜡状，没有乳浆汁液，籽粒尚未变硬。此时收割，不仅茎叶水分充足（70%左右），而且单位面积土地上的营养物质产量最高。

收割、运输、铡碎、装贮等要连续作业：全株青贮玉米柔嫩多汁，收割后必须及时铡碎（铡碎长度应为1~2厘米）、装贮；否则营养物质将损失。

采用永久性青贮池青贮：因全株青贮玉米水分充足，营养丰富，为防止汁液流失，必须用永久青贮池，如果用土窖装贮时，四周要用塑料薄膜铺垫，绝不能使青贮饲料与土壤接触，防止土壤吸收水分而造成霉变。

（2）玉米秸秆青贮

玉米籽实成熟后先将籽实收获，秸秆进行青贮的饲料，称为玉米秸青贮饲料。

原料选择：玉米秸秆以玉米蜡熟期收获为宜，即秸秆除下部2~3个叶片老黄外，其余叶片仍是青绿为宜。玉米秸秆水分含量为65%~70%，然后将秸秆去根，选择无泥土、无霉烂、无污染的秸秆备用。

制作方法：用铡草机将玉米秸秆切成1~2厘米的碎段，边切边装窖，分层装填（每层30厘米），逐层压实，使填料高出窖口50厘米；装填最好在当天装满，用塑料布封严，再用30~50厘米湿土覆盖并压实，以后经常检查，如发现窖顶下陷应及时加土，以防漏水、透气。

（3）开窖及取用

封窖后经40天左右时间即可开窖饲用。

饲喂方法：青贮饲料具有清香、酸甜味，肉牛特别喜食，但饲喂时应由少渐多。饲喂青贮饲料千万不能间断，以免窖内饲料腐烂变质和牲畜频繁交换饲料引起消化不良或生产不稳定。冬季饲喂青贮料要在畜舍内或暖棚里，先空腹喂青贮料，再喂干草和精饲料，以缩短青贮饲料的采食时间，每天肉牛混拌量为10~15千克。

（4）青贮饲料的质量评定

青贮制作后30~45天即可使用，应选择一端开窖，切忌全面接顶，也不可掏洞取料，一经开窖应天天取用。取用后要及时盖以草帘或席片，发霉变质的烂草不能喂牛，应及时处理掉，不可堆放在青贮窖周围。

制作良好的青贮饲料颜色呈黄绿色、pH4~4.5、有酸香味或水果香味、松散柔软、不黏手、叶脉清晰、略带潮湿；还可为黄褐色或褐绿色、pH4.5~5、酸味略带刺鼻性；褐色或黑色为劣等、pH在5以上、带有酸臭味、结成团块或发黏、分不清饲草原有的结构。总之，酸而喜闻为上、酸而刺鼻为中、臭而难闻为劣。

## 四、其他技术

### （一）秸秆氨化

用尿素氨化秸秆，每吨秸秆需尿素40~50千克，溶于400~500千克清水中，待充分溶解后，用喷雾器或水瓢泼洒，与秸秆搅拌均匀后，一批批装入窖内，摊平、踩实。原料要高出窖口30~40厘米，长方形窖呈鱼脊背式，圆形窖成馒头状，再覆盖塑料薄膜。盖膜要大于窖口，封闭严实，先在四周填压泥土，再逐渐向上均匀填压湿润的碎土，轻轻盖上，切勿将塑料薄膜打破，造成氨气泄出。

氨化时间主要受温度控制。一般在20摄氏度左右氨贮25天后取用；冬季氨贮50天以上为宜。

饲喂方法：开始饲喂时，可把少量的氨化秸秆和未氨化的秸秆掺和在一起，待家畜适应一段时间后，再大量使用氨化秸秆。氨化秸秆的饲喂量，可占到肉羊等日粮的60%~80%。

搭配其他饲料：尽管氨化饲料是一种很好的饲料，但单独使用时其营养成分和数量仍不能满足家畜生长发育的需要，特别是羔羊和产羔母羊更是如此。因此，在饲喂氨化秸秆的同时，还应适当搭配一些饲料品种，如青贮料、干牧草、青绿料、粮食、矿物质、维生素等。这样，才能提供必要的能量，尤其是蛋白质、矿物质和维生素。

（二）微贮

微贮饲料是在秸秆、牧草、藤蔓等饲料作物中添加有益微生物，通过微生物的发酵作用而制成的一种具有酸香气味、适口性好、利用率高、耐贮的粗饲料。微贮饲料可保存饲草料原有的营养价值，在适宜的保存条件下，只要不启封即可长时间保存。微贮技术是一种简单、可靠、经济、实用的粗饲料微生物处理技术。是把秸秆等粗饲料按比例添加一种或多种有益微生物菌剂，在密闭和适宜的条件下，通过有益微生物的繁殖与发酵作用，使质地粗硬或干黄的秸秆和牧草变成柔软多汁、气味酸香、适口性好、利用率高的粗饲料。

1.微贮原理

微贮是利用加入的微贮菌剂在适宜的条件下，益生菌大量生长繁殖，使原料中的粗纤维素类物质在发酵过程中部分转化为糖类，糖类又被有机酸菌转化为乳酸和挥发性脂肪酸，使pH下降到4.5以下，抑制了丁酸菌、腐败菌等有害菌的生长繁殖，从而使被贮原料气味和适口性变好，利用率提高，保存期延长。

2.微贮设施

微贮设施是用于存放及发酵微贮原料的、能够密封的设备或器具。主要形式有微贮窖、微贮池、微贮袋等。微贮设施都要保证其可密封性和耐酸性。

3.微贮剂

微贮剂称微贮接种剂、生物微贮剂、微贮饲料发酵剂、微贮添加剂等。微贮时应根据所贮原料及微贮菌种的性质来选择合适的菌种。大部分微贮剂对饲草料完成发酵的时间在20天左右，也有在1周左右完成发酵的。选择时应根据需要量和需要程度考虑选择合适的微贮剂。无论选择何种菌剂、发酵周期长短，其关键是对微贮料产生的效果。

有效活菌是指能够在原料中大量繁殖并对被贮的饲料产生有益作用的活菌。这种活菌的数量越多越好，一般有效活菌数在每克5000万个以上就可以满足发酵的需要。微贮剂的添加量主要根据微贮原料来确定，一般添加量为0.5‰~1‰，具体操作参照产品说明。

4.塑料袋微贮法

将塑料袋放入与袋大小、体积相同或基本相同的耐压模具中待用（模具可以铁制、木制或挖坑等），在光滑干净的地面上，将待贮原料揉碎切段，调好水分，分层喷洒菌液，适当翻搅后，将原料装入塑料袋内压实，将袋口扎紧，脱出模具，放在贮放地点。

在没有模具的情况下，可将原料装入袋内，排出空气，或抽出袋内的空气后将塑料袋口扎紧保存。

有条件的情况下，可采用机械压缩成块后，装入塑料袋中密封贮存，效果更好。每袋适于处理50~100千克秸秆。

5.微贮操作

（1）微贮剂菌种活化与稀释

菌种活化。根据所贮饲料的种类和贮量，确定所使用的菌种和添加比例，按每层微贮时的饲料量，计算出所需的调制剂菌种量。然后倒入10~20倍的水中充分搅拌，在常温下放置1~2小时，活化菌种，形成菌液；在有条件的情况下，可在水中加适量白糖，以提高菌种的活化率。用于活化的容器，均须刷洗干净；活化好的菌液应在当天用完，不可隔夜使用。

菌液稀释。将活化好的菌液，加水至菌种量的50倍以上进行

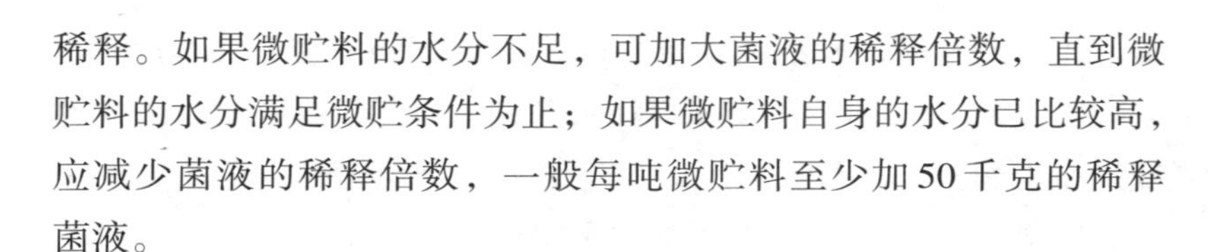

稀释。如果微贮料的水分不足，可加大菌液的稀释倍数，直到微贮料的水分满足微贮条件为止；如果微贮料自身的水分已比较高，应减少菌液的稀释倍数，一般每吨微贮料至少加50千克的稀释菌液。

（2）微贮原料的揉切与碾压

微贮原料入窖前应揉细切短。揉切长度一般以3~5厘米为宜，比较粗硬的玉米、高粱秸秆等切成2~3厘米较为适宜。粗硬的原料应经过碾压揉碎，形成细丝。

（3）微贮原料的装填与压实

经揉切后的微贮原料应尽快入窖，分层微贮，每层厚20~30厘米，均匀喷洒菌液，边喷洒边压实，水分不足的干黄原料还要喷洒一定量的水，然后再铺放20~30厘米厚的原料，再喷洒菌液压实，如此反复操作，直到压实后原料高于窖口40厘米以上进行封口。装窖尽可能在短时间内完成，小型窖要当天完成，大型窖最好不超过3天。当天未装满的窖，必须盖上塑料薄膜压严，第2天揭开薄膜继续装窖。

在用微贮麦秸和稻秸等糖分不足的原料时，可根据实际情况，加入含糖量较高的物质进行调节；亦可将添加物放入稀释后的菌液或水中，向窖内均匀喷洒。

（4）原料水分检查

在微贮过程中，要随时检查原料的含水量及是否喷洒均匀一致，特别要注意层与层之间水分的衔接，不应出现夹干层或过湿层。

6.微贮饲料的品质鉴定

当发酵完成后和饲喂前要对微贮饲料的品质进行鉴定。感官指标如下：

（1）色泽

优质微贮饲料的色泽接近微贮原料的本色，呈金黄色或黄绿色，则为良好的微贮饲料；如果呈黄褐色、黑绿色、或褐色，则为质量较差的饲料或劣质品。

（2）气味

微贮饲料具有醇香或果香味，并具有弱酸味，气味柔和，为品质优良；若酸味较强，略刺鼻、稍有酒味和香味的品质为中等；若酸味刺鼻，或带有腐臭味、发霉味，手抓后长时间仍有臭味，不易用水洗掉，为劣等，不能饲喂。

（3）质地

品质好的微贮料在窖里压的坚实紧密，但拿到手中比较松散、柔软湿润，无黏滑感，品质低劣的微贮料结块，发黏；有的虽然松散，但质地粗硬、干燥，属于品质不良的饲料。

（4）pH指标

正常的微贮料用pH试纸测试时，pH4.2以下为上等，pH4.3~5.5为中等，pH5.5~6.2为下等，pH6.3以上为劣等。

（5）卫生指标

应符合有关卫生标准规定。

7.微贮料饲喂

微贮饲料以饲喂草食家畜为主，可以作为家畜日粮中的主要粗饲料，饲喂时可以与其他草料搭配。

饲喂微贮饲料，开始时有的家畜不喜食，应有一个适应过程，可与其他饲草料混合搭配饲喂，要由少到多，循序渐进，逐渐加量，习惯后再定量饲喂。

微贮饲料一般每天饲喂量为：奶牛、育成牛、肉牛15~20千克，羊1~3千克，马、驴、骡5~10千克。

要保持微贮料和饲槽的清洁卫生，采食剩下的微贮料要清理干净，防止污染，否则会影响家畜的食欲或导致疾病。

冬季应防止微贮料冻结，已冻结的微贮饲料应融化后再饲喂，否则会引起家畜疝痛或使孕畜流产。

微贮饲料喂奶牛最好在挤奶后饲喂，切忌在挤奶区存放微贮饲料。

## 五、畜产品安全

畜产品安全是指肉、蛋、奶等动物性食品中不应含有危害人体健康或对人类的生存环境构成威胁的有毒、有害的物质和因素。畜产品安全涉及畜牧业生产的很多环节，主要包括饲料安全、兽药安全、饲养管理安全、疫病防治安全和屠宰加工安全等5个方面。

### （一）饲料安全

饲料中不应含有对饲养动物的健康和生产性能造成实际危害的有毒、有害的物质或因素。这方面存在的主要问题是饲料药物添加剂和兽药的滥用、非法使用违禁药品、超剂量添加维生素类和矿物质元素添加剂，对饲料的生产、经营监管不力等。

**（二）兽药安全**

按照国家法律法规和行业标准生产、经营和使用兽药。这方面存在的主要问题是兽药的生产水平低、经营不规范和使用不合理，造成兽药在畜产品中的大量残留。这里要特别说明的是，食用和屠宰加工的牛羊及牛奶一定要严格执行休药期规定，不同的药物有不同的休药期，只有各种药物休药期结束后，方可屠宰和食用。

**（三）饲养管理安全**

根据动物的生活习性和生产性能，建造适合动物生长和生产的圈舍，使用安全饲料和兽药，对废弃物进行无害化处理。这方面存在的主要问题是动物圈舍卫生条件差、饲养密度大、动物发病率高、兽药的普遍使用和滥用生长素等添加剂。

**（四）动物疫病防治安全**

根据动物疫病种类和发病规律，科学规范地使用有国家批准文号的疫苗和药品，并严格按剂量使用和执行休药期的规定。这方面存在的主要问题是超剂量使用兽药、不执行药物休药期规定，导致致病细菌等病原微生物抗药性不断增加和药物残留量增加。

**（五）屠宰加工安全**

在屠宰加工过程中防止微生物污染，杜绝注水肉、病死肉进入市场。畜产品不安全，主要是肉、蛋、奶等动物食品中兽药、农药、违禁药品、重金属及其他有毒有害物体的染疫。造成畜产品不安全的主要原因是对畜牧产品不安全的危害性认识不足，盲目地追求数量和经济效益，而忽略了产品的质量。

畜产品不安全的危害性，特别是对人的危害性十分严重，主要表现在：一是引起人畜共患病的发生；二是造成中毒；三是引起过敏反应和变态反应；四是致癌、致畸、致突变；五是对胃肠道菌群造成不良影响；六是细菌耐药性增加；这些危害会对临床用药带来影响，造成有些疾病诊断困难、抗菌药物失效、医疗费用增加和新药开发压力加大等。

现代
肉羊
生产
技术

# 第六章

# 肉羊的饲养管理

# 第六章　肉羊的饲养管理

根据动物的生活习性和生产性能，建造适合动物生长和生产的圈舍，使用安全饲料和兽药，对废弃物进行无害化处理。这方面存在的主要问题是动物圈舍卫生条件差、饲养密度大、动物发病率高、造成兽药的普遍使用和滥用生长素等添加剂。优良的品种，优质的饲料和标准化圈舍，没有科学规范的饲养管理相配套，很难实现养殖目标。我们所说的标准化生产是指畜禽饲养过程中采用专门品种，统一的饲料和程序化免疫、规范化管理。无公害饲养是畜产品安全的一个重要方面，畜禽饲养过程作为无公害畜禽产品生产的关键环节，在这个畜产品安全工作中具有举足轻重的地位。因此，在饲养管理过程中按照畜产品安全的基本要求，不仅要采用安全的饲料，保证水源清洁，饮水中不能随意添加抗生素，对粪便要进行无害化处理，而且要对圈舍和场地进行定期消毒，禁止闲杂人等进出生产场区，尽量减少和谢绝外来参观学习等活动。畜禽出栏要严格执行休药期规定，保证疫苗和药物残留符合无公害畜禽产品生产要求。

除自繁自育的羊以外，从外地和本地市场上购进的种公羊、母羊、羔羊隔离饲养观察1周以上，确认无病后再合群饲养。

## 一、种公羊的饲养管理

肉用种公羊的饲养应维持中上等膘情，以使其常年健壮、活泼、精力充沛、性欲旺盛。配种季节前后，应保持较好的膘情，配种能力强，精液品质好，充分发挥种公羊的作用。

种公羊的饲养要求营养价值高，有足量优质的蛋白质、维生素A、维生素D及无机盐，且易消化，适口性好。理想的饲料，鲜干草类有苜蓿草、三叶草和青燕麦草等；精料有燕麦、大麦、玉米、豆饼、麦麸等；多汁饲料有胡萝卜、甜菜和玉米青贮等。

种公羊的饲养可分为配种期饲养和非配种期饲养。配种期饲养又可分为配种预备期（配种前1~1.5个月）及配种期（1~1.5个月）饲养。配种预备期应增加精料量，按配种期喂给量的60%~70%补给，逐渐增加到配种期精料的喂给量。配种期的日粮大致为：精料1千克，苜蓿干草或野干草2千克，胡萝卜0.5~1.5千克，食盐15~20克，骨粉5~10克，全部粗料和精料可分2~3次喂给。精料的喂量应根据种羊的个体重、精液品质和体况酌情增减。非配种期内应补给精料500克，干草3千克，胡萝卜0.5千克，食盐5~10克。夏秋季以放牧为主，可少量补给精料。

种公羊饲养以放牧和舍饲相结合为主，配种期种公羊应加强运动，以保证种公羊能产生品质优良的精液。配种后的复壮期，精料的喂给量不减，增加放牧时间，经过一段时间后，再适量减少精料，逐渐过渡到非配种期饲养。

## 二、母羊的饲养管理

母羊的饲养包括空怀期、妊娠期和哺乳期3个阶段。空怀期羔羊已离乳，母羊停止泌乳，但为了维持正常的消化、呼吸、循环以及维持体温等生命活动，必须从饲料中吸收最低量的营养物质。

空怀期和哺乳后期需要的风干饲料为体重的2.4%~2.6%，同时应抓紧放牧，使母羊很快复壮，力争满膘后配种。妊娠期为150天，可分为妊娠前期和妊娠后期。妊娠前期是受胎后的3个月，胎儿发育较慢，营养需求与空怀期相同，放牧饲养可满足需要。秋季配种以后牧草处于青草期或已结籽，营养丰富，不需要补喂饲料。若配种季节较晚，牧草已枯黄，则应补喂青干草。

妊娠后期是妊娠最后的60天，胎儿生长迅速，增重约占初生体重的80%，这一阶段需要全价营养。妊娠后期正值枯草期，营养不足，母羊体重下降，影响胎儿发育，羔羊初生体重小，体温调节机能不完善，抵抗力弱，容易死亡，特别对肉用羊影响很大，关系到胎儿发育，以及羔羊出生后生长速度的提高。因此，该阶段需足量的营养物质，热代谢水平应提高到15%~20%。磷和钙的需要应增加40%~50%，而且钙磷比例以2：1为适当。足量的维生素A和维生素D是妊娠后期不可缺少的。

妊娠后期仍以放牧饲养为主，冬季每天放牧运动6小时，放牧距离不少于8千米。临产前7~8天不要远处放牧，防止分娩时来不及回羊舍。放牧中要稳走、慢赶，出入圈门时应防止拥挤，要有足够的饲槽和草架，防止喂料喂草时拥挤造成流产。不能喂发霉变质的干草和冰冻饲料。

哺乳期90~120天，哺乳期分为哺乳前期和哺乳后期。哺乳前期即羔羊生后2个月，营养主要依靠母乳。如果母羊营养差，泌乳量必然减少，同时影响羔羊的生长发育。母羊自身消耗大，体质很快削弱，直接影响到羔羊增重。肉羔一般日增重250克左右，但每增重100克约需母乳500克，而生产500克羊乳，需要0.3千克风干饲料，即33克蛋白质，1.2克磷及1.8克钙。母羊的泌乳期营养要依哺乳的羔羊数而定。产双羔的母羊每天补给精料0.4~0.5千克，苜蓿干草1千克。产单羔母羊补给精料0.3~0.5千克，苜蓿干草0.5千克。不论母羊产单羔还是双羔，均应补给多汁饲料1.5千克。

哺乳后期母羊泌乳量逐渐减少，羔羊已能采食粉碎的混合精料和青嫩牧草，母羊也能逐渐采食青草，可不补给干草。

### 三、羔羊的饲养管理

羔羊在生长期间，由于各部位的各种组织在生长发育阶段代谢率的不同，体内主要组织的比例也有不同的变化。通常早熟肉用品种羊在生长最初3个月内骨骼的发育最快，此后变慢变粗；4~6个月龄时肌肉组织的发育最快，以后几个月主要是脂肪组织的增长；到1岁时肌肉和脂肪的增长速度几乎相同。

1.羔羊哺乳期的饲养

母羊的初乳中含有丰富的蛋白质（17%~23%）、脂肪（9%~16%）等营养物质和抗体，具有抗病和轻泻作用。羔羊初生后及时吃到初乳，对增强体质、抵抗疾病和排出胎粪有很重要的作用。母羊的常乳中营养也很丰富，初生到1个月内的羔羊，还不能大量采食草料，基本上是以哺母羊乳为主，饲喂为辅。但要早开食，训练吃草料，以促进前胃发育，增加营养来源。2个月龄以后的羔羊逐渐以采食为主，哺乳为辅。羔羊能采食饲料后，要求饲料多样化，注意个体发育情况，随时进行调整，促使羔羊正常发育。1个月后的羔羊，可适当运动。随着日龄的增加，把羔羊赶到牧地上放牧，还要定时补给草料。母子分开放牧有利于增重、抓膘和预防寄生虫的传播。

2.育成羊的饲养

羔羊在3~4月龄时离乳，到第1次交配的年龄叫育成羊。羔羊离乳后，根据生长速度越快需要营养物质越多的规律，应分别组成公母育成羊群。离乳后的育成羊在最初几个月营养条件良好时，每日可增重150克以上，每日需要风干饲料0.7~1.0千克，月龄再长，则根据其日增重及其体重对饲料的需要也适当增加。

绵羊生后第1年生长发育最快，这期间如果饲养不良，就会影响其一生的生产性能，如体狭而浅，体重小，剪毛量低。因此，预期增重是育成羊发育完善程度的标志。在饲养上必须注意增重这一指标，按月固定抽测体重，借以检查全群的发育情况。称重需在早晨未饲喂或出牧前进行。

离乳编群后的育成羊，正处在早期发育阶段，断乳不要同时断料，在出牧后仍应继续补料。严冬舍饲期较长，需要补充大量营养，应以补饲为主，放牧为辅。要做好饲料安排，合理补饲，喂给最好的豆科草、青干草、青贮及其他农副产品。

## 四、育肥羊的饲养管理

羊的育肥是为了在短时期内，用低廉的成本，获得质好量多的羊肉。中国育肥绵羊的方法可分为放牧育肥、舍饲育肥和混合育肥。育肥羊是在放牧的基础上，短期补饲一定的精料或农副产品。

### （一）育肥方式

1.放牧育肥

放牧肥育是农牧区最普遍且经济的一种肥育方式，投资少，若安排得当可获得理想的经济效益。主要是利用天然草地、人工草地和秋季作物茬地，对当年非种用羔羊和淘汰的公、母羊进行肥育。这种肥育方式具有较强的季节性，一般集中在夏末至秋末，入冬前后上市出售。

2. 舍饲育肥

这种肥育方式是根据市场供销动态安排肥育规模和时间，一般不受季节限制，能够适应市场羊肉供应不均衡的状态。舍饲肥育规模的大小不等，农牧民家庭或农牧场可视具体情况进行不同规模的肥育。可在牧区繁殖，在农区肥育。牧区通过商业渠道将繁殖的羔羊或成年羊销售到农区，农区利用当地丰富的农副产品和谷物饲料进行肥育，供应市场消费。这样做可减轻牧区天然草场的压力，也可充分利用农村饲草饲料资源。大规模集约化肥育在国外较为普遍，工厂化生产不受季节限制，一年四季按市场需求进行有计划地规模化、产业化生产，操作高度自动化、机械化，生产周期短，但需要的投资大。育肥效果幼龄羊比老龄羊好，因为幼龄羊增重快，包括生长和育肥在内；老龄羊育肥蓄积脂肪，所以增重慢。舍饲育肥通常为75~100天。时间过短，育肥效果不显著；时间过长，饲料报酬低，效果亦不佳。羔羊在良好的饲料条件下，可增重10~15千克。

3. 混合育肥

混合育肥是放牧育肥和舍饲育肥相结合的方式。在秋末，看哪些羊膘还没有抓好，补饲一些精料，过30~40天后屠宰，这样可进一步提高胴体重和肉的品质。

（二）早期断奶羔羊肥育

羔羊早期断奶，强化舍饲肥育是一项新技术。一般在羔羊出生后7~8周龄断奶，也可在5~6周龄断奶，随即进行肥育。

此项技术是利用羔羊瘤网胃机能尚未发育完全，生长最快和对精料利用率最高的生理阶段，采用高能量、高蛋白全精料型饲粮进行育肥，以减少瘤胃微生物降解饲料营养物质的损失，提高饲料转化效率和产肉率。

实行羔羊早期断奶，母羊和羔羊对营养水平和饲养管理的要求均更高，断奶前母羊要有较高的泌乳量，以促进羔羊充分发育。在羔羊断奶前15天实行隔离补饲，定时哺乳，使其习惯采食固体饲料，为断奶后肥育奠定基础。断奶前补充饲料与断奶后饲料应相同，避免因饲粮类型改变而影响采食量和生长。

羔羊活动场应干燥、通风良好、能遮雨，在卧息处铺少量垫草。肥育前接种有关疫苗，以防传染病发生。

（三）3~4月龄断奶羔羊肥育

这是羔羊肥育生产的主要方式。断奶羔羊除少量留作种用外，大部分出售或用于肥育，断奶羔羊肥育的方式灵活多样，可根据草地状况和羔羊断奶时间以及市场需求，选择放牧肥育、舍饲肥育或放牧加补饲肥育。冬羔约在4~6月断奶，可进行放牧肥育。春羔约在7~9月断奶，可分批进行舍饲肥育或放牧加补饲肥育。农区可利用秋末冬初的作物茬地进行放牧肥育。受产羔时间的制约，羔羊肥育也具有季节性。

要合理搭配舍饲肥育羔羊的饲粮，根据肥育要求、羔羊体况及饲料种类和市场价格高低调整饲粮能量和蛋白质水平，或采取不同饲粮类型。一般饲粮的粗蛋白质含量应在14%左右，不低于10%，每千克干物质的代谢能浓度不宜低于10兆焦，各种矿物质和维生素均应按标准供给。月龄小的羔羊以肌肉生长为主，饲粮蛋白质含量稍高，且品质要好；随月龄和体重的增加，蛋白质含量可逐渐降低，相应提高能量水平，有利于体脂肪沉积。

羔羊肥育应有2周左右的预备期，让羔羊熟悉环境和适应肥育饲粮。经长途运输的羔羊，入舍后须保持安静，充分供应饮水，开始的1~3天只喂干草，不喂精料；4~15天起，分2~3个阶段肥育，逐渐改变饲粮组成，使羔羊逐渐适应采食肥育期饲粮。

### （四）成年羊的肥育

在中国普遍多用农牧区不能繁殖的母羊和部分羯羊进行肥育。根据具体情况采取不同的方式，目标是提高肥育效果，降低成本，增加经济效益。成年羊肥育主要是增加体脂肪，改善肉的风味。饲粮中能量水平应较高，每千克风干料代谢能在9~10兆焦，蛋白质含量为10%左右。以农作物秸秆作为粗饲料，应配制能量和蛋白质平衡的混合精料，以满足瘤胃微生物对氮源和能源的需要，提高粗饲料的消化率。有些地方将秸秆切碎或粉碎，撒适量水拌以混合精料饲喂，可提高秸秆采食量。成羊体况及体重有差别分群进行肥育饲养。对较瘦的羊应增加精料比例，提高能量摄入量，加快其脂肪沉积，使之按期达到上市标准。

## 五、羊饲养管理日程

中国不同地区的地理条件和气候条件差别很大，不同地区对羊只的饲喂程序各不相同；另外，同一地区，同一饲养场，在不同的季节也会采取不同的饲喂程序，以甘肃永昌肉用种羊场各季饲喂程序为例。

羊场饲养管理日程：

6：20　清扫圈舍、母羊试情。

6：40　喂羔羊精料（100克/只）。

7：20　喂青贮饲料（羔羊1千克/只，其他各类羊2千克/只）。

8：30　喂精饲料（公羊0.5千克/只，空怀母羊0.15千克/只，受孕母羊0.2~0.4千克/只，哺乳母羊0.2~0.4千克/只）。

9：00　采精、配种。

12：30　喂羔羊精饲（100克/只）。

14：00　清理饲槽。

15：00　喂青贮饲料（羔羊1.5千克/只，其他各类羊2千克/只）。

16：30　喂精饲料（羔羊100克/只，公羊0.5千克/只，空怀母羊0.15千克/只，受孕母羊0.2~0.4千克/只，哺乳母羊0.2~0.4千克/只）。

18：00　喂干草（羔羊1千克/只，其他各类羊2千克/只）。

18：30　采精、配种。

全天　自由饮水。

## 六、影响肉羊高产育肥的因素

影响肉羊高产育肥的因素很多，有品种、年龄、性别、饲料、防疫等。

### （一）品种

养肉羊能否多赚钱，首先取决于所饲养的品种是否适宜。尽管所有的羊品种都可用于生产羊肉，但由于其生产方向不同，产肉效率相差很大。例如，早熟肉用品种羊的屠宰率高达65%~70%，一般品种为45%~50%，毛用细毛羊仅为35%~45%。中国地方品种羊产肉性能与国外专门化肉羊品种相比存在很大差距。例如，中国绵羊品种中的乌珠穆沁羊在国内为优秀的肉脂兼用羊品种，6~7月龄公、母羊平均体重分别为39.6千克和35.9千克，成年公、母羊平均体重分别为74.4千克和58.4千克，为中国大体型肉脂羊品种。但与国外肉用绵羊品种相比，仍存在很大差距。例如，原产于英国的萨福克肉用羊，7月龄单胎公、母羔平均体重分别为81.7千克和63.5千克，成年公、母羊平均体重分别为136

千克和91千克。可见，饲养高生长速度的肉羊品种较饲养低生长速度的肉羊品种经济效益必然会高很多。但是，发展肉羊生产不可盲目追求饲养高生长速度、大体型品种，因为饲养高生长速度的肉羊品种比饲养低生长速度的肉羊品种收益要高，但越是高产品种羊对饲草饲料条件和营养需要量要求越高，往往抗病力则较本地品种羊低。因此在选择所饲养的适宜肉羊品种时，应结合本场或本地的实际饲养条件来确定。

（二）营养饲料

饲料成本占肉羊生产总成本的比重最大，所以节约饲料可明显提高养羊经济效益。营养物质的消化吸收是按一定比例进行的，而且具有就低不就高的特点，当营养物质不平衡时高出的部分就被浪费掉。所以在肉羊生产中，不仅要保证肉羊饲料种类的丰富和储量的充足，而且应根据肉羊的营养需要和饲料的营养成分合理配合肉羊的日粮。目前，在肉羊饲养实践中，由于肉羊日粮不完善而导致养肉羊不赚钱，甚至赔钱的现象十分严重，主要表现为饲料种类单一、饲料品质差、日粮配合不合理等。

羊肉富含蛋白质、脂肪、矿物质及维生素，且羊肉中的赖氨酸、精氨酸、组氨酸、丝氨酸和酪氨酸等人体所必须的氨基酸种类齐全，而肉羊所采食的饲料绝大多数是植物及其副产品，营养价值低且不完全，这就要求肉羊饲料种类必须丰富、多样化。粗干饲料是饲养肉羊的基本饲料，在农区主要以农作物秸秆为主。秸秆饲料质地粗硬、适口性差、营养价值低、消化利用率不高，直接用这种饲料喂羊，势必会降低肉羊的生产性能。为此，对饲料进行加工调制，提高适口性、采食速度、采食量和消化率是提高肉羊饲养效益的有效途径。肉羊生产实际中常见的问题是饲养管理粗放，有啥吃啥，不重视日粮的配合，不能满足不同生理时期肉羊对营养的需要量，结果导致生产性能低下，甚至导致一些营养性疾病的发生。例如，育肥日粮的精粗饲料比例一般以45%精饲料和55%粗饲料的配合比例为优，若精饲料所占比例过低，则育肥效果不理想；若日粮中钙磷比例失调，易引起尿结石症。处于不同生理时期的肉羊，对营养的需要量及种类要求不同。例如，对羔羊进行育肥，实际上包括羔羊生长和育肥2个过程。生长过程是肌肉和骨骼的生长过程，因此需要高蛋白质水平的日粮；肥育过程主要是脂肪的沉积过程，因此要求日粮中含有较高的能量水平。所以育肥羔羊要求其日粮必须是高蛋白质、高能量水平的日粮；对于成年羊育肥，由于主要是肥育过程，即脂肪沉积的过程，所以成年育肥的日粮以高能量和较低蛋白质水平为特征。

### （三）育肥方式

肉羊育肥是为了在短期内用低廉的成本获得质好量多的羊肉。若育肥方式没有选择好，将会降低肉羊育肥的增重速度，增加育肥成本降低肉羊育肥效益。应结合当地的生产实际，选择适宜的育肥方式。例如，在草山草坡资源丰富而饲草品质优良的牧区，可利用青草期草茂盛、营养丰富和羊增膘速度快的特点进行放牧育肥，可将育肥所需饲料成本降为最低，是最经济的育肥方式；在缺乏放牧地且农作物秸秆和粮食饲料资源丰富的农区，则可开展合饲育肥，这种育肥方式较放牧育肥而言，尽管饲料和圈舍资金投入相对较高，但可按市场需要进行规模化生产，设备劳动力得到充分利用，生产效率高，也可获得很好的经济效益；若放牧地区饲草条件较差，或为了提高放牧育肥羊的增重速度，较放牧育肥可缩短羊肉生产周期，增加肉羊出栏量和出肉量，与舍饲育肥相比可降低育肥成本，对于具有放牧条件和一定补饲条件的地区，混合育肥是生产羊肉的最佳育肥方式。

### （四）育肥年龄

肉羊的育肥年龄影响育肥效益。例如，不同品种羊育肥增重速度不同，故育肥时间长短也不一致，一般细毛羔羊育肥在8~8.5月龄结束，半细毛羔羊育肥在7~7.5月龄结束，肉用羔羊育肥在6~7月龄结束。从育肥肉羊年龄划分，肉羊育肥可分为羔羊早期育肥、羔羊断奶育肥和成年羊育肥，由于不同年龄育肥羊所需的营养需要量和增重指标的要求不同，因此要结合肉羊品种的生长发育特性，选择合适的年龄来育肥，才能收到良好的育肥效果。

### （五）繁殖技术

肉羊生产以宰杀育肥羔羊为前提。繁育技术对肉羊育肥的影响主要表现在母羊产羔间隔时间长，母羊配种受胎率低、羔羊成活率低。例如，牧区和山区所饲养的羊品种，多为秋季发情配种，来年产羔，产羔间隔时间长达1年，若母羊当年未受孕，产羔间隔则延长为2年。由于产羔间隔时间长，育肥羔羊的繁殖成本提高，降低了肉羊的饲养效益。若采用繁殖新技术，将母羊的产羔间隔缩短为8个月，则可使母羊年繁殖羔羊效率提高0.5倍，而育肥羔羊的繁殖成本则有望降低30%。同样，提高母羊配种受胎率和羔羊成活率也是降低育肥羔羊繁殖成本的有效途径。

### （六）育肥目标

育肥目标是人们通过一段时间育肥，所获得的羊肉产品是大羊肉还是羔羊肉来选择育肥的肉羊年龄。大羊肉是指宰杀1周岁以上的羊所获得的羊肉；羔羊肉是宰杀年龄在1周岁以下的羊所获得的羊肉。还有一种羊肉称肥羔肉，属于羔羊肉，是宰杀4~6月龄经育肥的羔羊所生产的羊肉。羔羊肉较大羊肉而言，具有肌肉纤维细嫩、肉中筋腱少、胴体总脂肪含量低、易于消化等特点，因此，国际市场羔羊肉的价格比大羊肉要高出1倍左右。可见，生产品质好的羔羊肉较生产品质差的大羊肉占有明显的价格优势。此外，羔羊肉生产还具有生长速度快、饲料报酬高、生产周期短、育肥成本低等优点。因此，当前世界羊肉生产的发展趋势是由以前的生产大羊肉转向生产羔羊肉。中国近年来虽然羊肉总产量平均每年以10%的递增速度增长，但羊肉产品质量整体偏差，生产效率低，肉羊饲养的经济效益差。

（七）防疫制度

肉羊生产中所发生的疾病，可分为传染病、寄生虫病和普通病3类。若防治措施不当会导致羊大批发病或死亡，造成严重经济损失，因此，应制定适合当地的防疫制度。

现代
肉羊
生产
技术

# 第七章

# 肉羊疫病防控

# 第七章　肉羊疫病防控

疫病防控是畜牧业发展的保障。优良的品种、优质的饲料、良好的设施和规范的饲养管理，没有疫病防控的保障，就一切归零。对养殖业来说，传染病会吃掉老本，寄生虫病会吃掉利润，这在肉羊规模养殖上表现得更为突出。因此我们一定要高度重视疫病防控工作。首先，要切实做好春秋季集中免疫，确保不发生内源性疫情；第二，要加强检疫，在搞好市场检疫的基础上，要把州外流入临夏州的肉羊检疫作为重点，通过检疫杜绝输入性疫情的发生；第三，要把寄生虫病防治作为一项重要工作，要根据临夏州肉羊寄生虫病流行特点，采取预防性投药的办法，防治寄生虫病的流行和传播；第四，要做好重大动物疫病的防控工作，要把布鲁氏病、小反刍兽疫、羊痘等疫病作为重点，实行免疫全覆盖；第五，要加强养殖场的消毒灭源工作，建立科学的免疫程序、消毒程度和管理观察制度，特别是从州外引进的肉羊一定要进行隔离观察，在养殖场内设置独立的隔离观察圈舍，观察期应不少于15天。

## 一、当前主要流行羊病与流行特点

近年来，随着中国肉羊规模化、集约化程度的提高，养殖方式由以放牧为主转变为舍饲为主。养殖方式的转变，加之饲养管理、疾病防控等技术的缺失，肉羊疾病呈高发态势，疾病发生的种类、发病率、死亡率呈逐年上升的趋势。目前危害养羊业的传染病主要有小反刍兽疫、羊痘、传染性脓疱、传染性胸膜肺炎、链球菌病、巴氏杆菌病、大肠杆菌病、沙门氏菌病、梭菌性疾病、布鲁氏菌病等。流行特点有散发、地方性流行、大流行，多为地方性流行。寄生虫病主要有消化道线虫病、莫尼茨绦虫病、吸虫病、球虫病、囊尾蚴病、脑多头蚴病、螨病、羊鼻蝇蛆病等，寄生虫病多呈地方性流行。普通病主要有妊娠毒血症、白肌病、尿石病、尘肺、食毛症、瘤胃酸中毒、真菌毒素中毒等。

## 二、羊群防疫保健措施

在养羊生产中，常常会发生各种羊病，因此在发展养羊生产的同时，首先做好羊疾病的预防工作。羊病的防治，必须认真贯彻“预防为主，防重于治”的方针。只有这样，才能使羊少发病，保证羊只健康。

### （一）科学饲养管理

有几句谚语说得好，“羊以瘦为病，病由膘瘦起，体弱百病兴”。加强饲养管理，可以增强羊的体质，提高生产性能，也是防疫灭病的基础。生产中所饲喂的饲草、饲料，都要保证质地优良、无毒、无霉变、无农药污染，并要注意合理搭配，不能长期饲喂某种单一饲料，以防引起某种营养物质缺乏症，更换草料要逐渐进行，以防前胃疾病的发生。对舍饲的羊群，要保证适当运动，随时掌握每只羊的采食和饮水情况，防止羊只互相抵架和舔舐被毛，以防造成外伤及毛球阻塞胃肠。对绵羊的羔羊要在3~5日龄及时断尾，公羊1~2月龄进行去势。对山羊的公羔，如不作种用要在10~20日龄进行去势、去角基，以防互相爬跨、乱交乱配，还能提高公羊的生长发育速度及羊肉的品质。

### （二）保持良好的饲养环境

#### 1.搞好环境卫生

羊喜欢干燥卫生的环境。潮湿的环境易使羊发生寄生虫病、腐蹄病或感染其他疾病。对圈舍要及时清扫，垫上干土或其他干燥松软的垫料，保持圈舍空气新鲜、干燥、温度适宜。饲草饲料放到草架上，防止被尿液粪便污染，料槽、饮水槽要每天清洗，定期用0.1%的高锰酸钾溶液进行消毒。经常保持有清洁新鲜的饮水，以便羊随时饮用。

#### 2.圈舍定期消毒

羊的圈舍要定期消毒，消毒是用各种方法消除病原微生物及寄生虫、虫卵对羊的危害，是预防和消灭疫病的一项重要措施。消毒对象包括棚圈、粪便、土壤、尸体、衣物等。可将热草木灰、生石灰粉撒在圈舍内，也可以用药品消毒圈舍和用具，如3%的来苏尔溶液用于圈舍、用具、洗手等消毒；10%~15%的生石灰溶液用于消毒圈舍、排泄物等；0.5%过氧乙酸溶液用于喷洒地面、墙壁、食槽等；1%~2%的氢氧化钠溶液用于被细菌、病毒污染的圈舍、地面和用具的消毒；抗毒威1∶400稀释喷洒进行圈舍消毒。蚊蝇季节还应喷洒消灭蚊蝇的药液，如灭蚊灵、灭蝇灵等消灭蚊蝇，但要注意安全以防误伤羊群。

（1）羊舍消毒。一般是先做一下人工清扫，然后再进行消毒液消毒。常用的消毒液是10%~20%的石灰乳、10%漂白溶液、0.5%的过氧乙酸、0.5%~1.0%的二氯异氰尿酸钠等。消毒的方法是将消毒液盛于喷雾器内，先喷洒地面然后喷墙壁，再喷天花板，最后再开窗通风，用清水刷洗饲槽、用具，将消毒味除去。在一般情况下羊舍消毒每年可进行2次，春秋各1次。产房在产羔前应消毒1次，产羔高峰时进行多次，产羔结束后再消毒1次。在病羊舍、隔离舍的出入口处应放置有消毒液的麻袋片或草垫，此时消毒液可用2%~4%氢氧化钠溶液、1%菌毒敌等。

（2）地面土壤消毒。土壤表面可用10%漂白粉溶液、4%福尔马林溶液或10%氢氧化钠溶液。停放过芽孢杆菌所致传染病（如炭疽）病羊尸体的场所，应严格消毒，首先用上述漂白粉溶液喷洒地面，然后将表层土壤掘起30厘米左右，撒上干漂白粉，并与土混合，将此表土妥善运出掩埋。

（3）粪便消毒。羊的粪便消毒最实用的方法是生物热消毒法，方法是在距羊场100~200米以外的地方设堆粪场，将羊粪堆积起来，上面覆盖10厘米厚的沙土，堆放发酵30天左右，即可用作肥料。

（4）污水消毒。最常用的方法是将污水引入处理池，加入化学药品（如漂白粉或其他氯制剂）进行消毒，用量视污水量而定，一般1升污水用2~5克漂白粉。

（5）常用器械消毒。羊舍中的所有设施，包括食槽、水槽干草架等都要定期消毒。

### （三）严格执行检疫制度

检疫是贯彻“预防为主”方针中不可缺少的重要一环。通过检疫，可以及早发现疫病，及时采取防治措施，做到就地控制和扑灭，防止疫病蔓延。检疫是对羊群定期进行健康检查、抽检化验，及时发现病羊，进行隔离治疗或处理，清除传染源。新购入的羊只检疫化验后，证实无病，方可入群，同时应防止疫病传人。

### （四）预防接种和药物预防

有计划地定期预防接种和驱虫药浴，是每年羊群防疫工作最重要的工作。只有按科学的免疫程序，定期适时地进行免疫接种；

在驱虫药浴中严格遵守操作规程，准确地配制药液浓度，才能有效地控制羊群的疫病发生。防疫效果的好坏，取决于羊体的健康状况、药品质量、操作技术和防疫密度。“百治不如一防（预防），百防不如一抓（抓膘）”。充分说明羊群营养与疾病防治的关系及羊病预防的重要性。

1.疫苗使用时的注意事项

（1）幼年的、体质弱的、有慢性病或饲养管理条件不好的羊，接种后产生的抵抗力就差些，有时也可能引起明显的接种反应，针对此类羊一般不主张接种。

（2）受孕母羊，特别是临产前的母羊，在接种时由于受驱赶和捕捉等影响或由于疫苗所引起的反应，有时会发生流产或早产，或者可引起胎儿发育方面的异常。因此，如果不是已经受到传染病的威胁，最好暂时不接种。

（3）接种疫苗应严格按照各种疫苗的具体使用方法进行，如接种方法、接种剂量等。

（4）接种疫苗时，不能同时使用抗血清；在给羊注射疫苗时，必须注意不能与疫苗直接接触；给羊注射疫苗后一段时间内最好不用抗生素或免疫抑制药物。

（5）各类疫苗在运输、保存过程中要注意不要受热，活疫苗必须低温冷冻保存，灭活疫苗要求在4~8摄氏度条件下保存。

（6）各种疫苗的器械（注射器、针头、镊子等）都要事先消毒好。根据羊场情况，每只羊换1个注射针头或5只羊换1个注射针头。

（7）疫苗一经开启，就要在2小时内用完，千万不能留着以后再用。

2. 肉羊免疫程序

（1）春季

①免疫时间：受孕母羊产前1个月（个别羊场可在羊产后肌肉注射破伤风抗毒素，羔羊产后1个月可肌注）；

疫苗名称：破伤风类毒素；

预防疫病：破伤风；

免疫方法：肌注后臀部1个月产生免疫力；

免疫期：1年。

②免疫时间：每年2月下旬至3月上旬（成年羊、羔羊）；

疫苗名称：羊三联四防疫苗（或五联苗）；

预防疫病：羊快疫、羊肠毒血症、羊猝疽、羊黑疫（或羔羊痢疾）；

免疫方法：成羊或羔羊都按说明注射或成年羊加0.2倍量，10~14天产生免疫力；

免疫期：6个月。

③免疫时间：怀孕母羊产前20~30天（若羔羊注射五联苗可略去这次免疫），羔羊1个月龄可注射。

疫苗名称：羔羊痢疾疫苗；

预防疫病：羔羊痢疾；

免疫方法：按说明书免疫，隔10~14天再免疫1次，10~14天产生抗体；

免疫期：羔羊获得母羊抗体。

④免疫时间：每年2~3月；

疫苗名称：羊痘鸡胚化弱毒苗；

预防疫病：羔痘；

免疫方法：不论大小一律皮内注射0.5毫升，6~10天产生免疫力；

免疫期：1年。

⑤免疫时间：每年3~4月；

疫苗名称：羊口疮弱毒细胞冻干苗；

预防疫病：羊口疮病；

免疫方法：大小羊一律口腔黏膜内注射0.2毫升；

免疫期：1年。

⑥免疫时间：每年3~4月；

疫苗名称：羊链球菌氢氧化铝菌苗；

预防疫病：半链球菌病；

免疫方法：按说明书方法；

免疫期：6个月。

⑦免疫时间：每年3~4月；

疫苗名称：O型口蹄疫；

预防疫病：口蹄疫；

免疫方法：4月龄以上的绵羊、山羊皮下注射1毫升；

免疫期：6~8个月。

（2）秋季

①免疫时间：以配种时间而定；

疫苗名称：羊流产衣原体油佐剂卵黄灭活苗；

预防疫病：羊衣原体性流产；

免疫方法：羊受孕前或受孕后1个月内每只皮下注射3毫升；

免疫期：1年。

②免疫时间：每年9月下旬（若生产厂家说明免疫期1年此次可略）；

疫苗名称：羊四联苗（或五联苗）；

预防疫病：羊快疫、羊肠毒血症、羊猝疽、羊黑疫（或羔羊痢疾）；

免疫方法：成羊或羔羊都按说明注射或成年羊加0.2倍量，10~14天产生免疫力；

免疫期：6个月。

③免疫时间：每年9月；

疫苗名称：口疮弱毒细胞冻干苗；

预防疫病：羊口疮病；

免疫方法：大小羊一律口腔黏膜内注射0.2毫升；

免疫期：1年。

④免疫时间：每年9月；

疫苗名称：羊链菌疫苗；

预防疫病：半链球菌病；

免疫方法：按说明书方法；

免疫期：6个月。

### （五）做好定期驱虫工作

寄生虫病严重威胁着肉羊业，所以应坚持定期用药物进行预防性驱虫。

（1）羊驱虫常用的方法有口服、注射、药浴、喷雾等方法。

（2）药物可选择阿（伊）维菌素、丙硫苯咪唑等。丙硫苯咪唑具有高效、低毒、广谱的优点，对羊常见的胃肠线虫、肺线虫、肝片吸虫和绦虫均有效，可同时驱除混合感染的多种寄生虫，是较理想的驱虫药物。

（3）羊驱虫一般是在发病季节到来之前开始实施的。一般是在春、秋两季各驱1次，肉羊在进行育肥前进行1次。

（4）使用驱虫药时，要求剂量准确，并且要先做小群驱虫试验，取得经验后再进行全群驱虫。驱虫过程中发现病羊，应进行对症治疗，及时解救出现毒副作用的肉羊。

（5）药浴是防治羊的外寄生虫病，特别是羊螨病的有效措施，可在剪毛后10天左右进行，药浴液可用0.1%~0.2%的杀虫脒（也就是氯苯脒）水溶液、1%的敌百虫水溶液或者是速来菊酯（每升水用80~200毫升）、溴氰菊酯（每升水用50~80毫升）；也可用石硫合剂，其配法为生石灰7.5千克、硫黄粉末12.5千克，加水150升（1升约等于0.5千克）拌成糊状，边煮边拌，直至煮成浓茶色为止，弃去下面的沉渣，上清液便是母液，在母液中加500升温水，即成药溶液。药浴可在特建的药浴池内进行，也可用人工方法抓羊在大盆或大缸中逐只洗浴。

## 三、羊病的诊疗及检验技术

### （一）临床诊断

临床诊断法是诊断羊病最常用的方法，通过问诊、视诊、触诊、听诊、叩诊和嗅诊所发现的症状表现及异常变化，综合起来加以分析，往往可以对疾病作出诊断，或为进一步检验提供依据。

#### 1.问诊

问诊是通过询问畜主或饲养员，了解羊发病的有关情况。询问内容包括发病时间、发病头数、病前和病后的异常表现，以往的病史、治疗情况、免疫接种情况、饲养管理情况以及羊的年龄、性别等。但在听取其回答时，应考虑所谈情况与当事人的利害关系责任，分析其可靠性。

#### 2.视诊

视诊是观察病羊的表现。视诊时，最好先从离病羊几步远的地方观察羊的肥瘦、姿势、步态等情况，然后靠近病羊详细查看被毛、皮肤、黏膜、结膜、粪尿等情况。

（1）肥瘦。一般急性病（如急性膨胀、急性炭疽等），病羊身体仍然肥壮；相反，一般慢性病（如寄生虫病等），病羊身体多为瘦弱。

（2）姿势。观察病羊一举一动是否与平时相同，如果不同，就可能是有病的表现。有些疾病表现出特殊的姿势，如破伤风表现四肢僵直、行动不灵便。

（3）步态。健康羊步行活泼而稳定；如果羊患病时，常表现行动不稳，或不喜行走。当羊的四肢肌肉、关节或蹄部发生疾病时，则表现为跛行。

（4）被毛和皮肤。健康羊的被毛，整齐而不易脱落，富有光泽；在病理状态下，被毛粗乱蓬松，失去光泽，而且容易脱落。患螨病的羊，患部被毛可成片脱落，同时皮肤变厚变硬，出现蹭痒和擦伤。在检查皮肤时，除注意皮肤的颜色外，还要注意有无水肿、炎性肿胀、外伤以及皮肤是否温热等。

（5）黏膜。一般健康羊的眼结膜、鼻腔、口腔、阴道和肛门黏膜呈光滑粉红色；如口腔黏膜发红，多半是由于体温升高，身体有发炎的地方；黏膜发红并带有红点、血丝或呈紫色，是由于中毒或传染病引起的；黏膜呈苍白色，多为患贫血病；黏膜呈黄色，多为患黄疸病；黏膜呈蓝色，多为肺脏、心脏患病。

（6）吃食、饮水、口腔、粪尿。羊吃食或饮水忽然增多或减少，以及喜欢舔泥土、吃草根等，也是有病的表现，可能是慢性营养不良；反刍减少、无力或停止，表示羊的前胃有病；口腔有病时，如喉头炎、口腔溃疡，舌有烂伤等，打开口腔就可以看出来。羊的排粪也要检查，主要检查其形状、硬度、色泽及附着物等。正常时，羊粪呈小球形，没有难闻臭味；病理状态下，粪便有特殊臭味，见于各型肠炎；粪便过于干燥，多为缺水和肠弛缓；粪便过于稀薄，多为肠机能亢进；前部肠管出血粪呈黑褐色，后部出血则呈鲜红色；粪内有大量黏液，表示肠黏膜有卡他性炎症；粪便混有完整谷粒和粗纤维，表示消化不良；混有纤维素膜时，表示为纤维素性肠炎；混有寄生虫及其节片时，体内有寄生虫。正常羊每天排尿3~4次，排尿次数和尿量过多或过少，以及排尿痛苦、失禁，都是有病的征候。

（7）呼吸。正常时，羊每分钟呼吸12~20次；呼吸次数增多，见于热性病、呼吸系统疾病、心脏衰弱及贫血、腹压升高等；呼吸次数减少，主要见于某些中毒、代谢障碍、昏迷。另外，还要检查呼吸型、呼吸节律以及呼吸是否困难等。

3.嗅诊

诊断羊病时，嗅闻分泌物、排泄物、呼出气体及口腔气味等。如肺坏疽时，鼻液带有腐败性恶臭；胃肠炎时，粪便腥臭或恶臭；消化不良时，可从呼气中闻到酸臭味。

4.触诊

触诊是用手指或手指尖感触被检查的部位，并稍加压力，以便确定被检查的各个器官组织是否正常。触诊常用如下几种方法：

（1）皮肤检查。主要检查皮肤的弹性、温度、有无肿胀和伤口等。羊的营养不好，或得过皮肤病，皮肤就没有弹性；发高烧时，皮温会升高。

（2）体温检查。一般用手摸羊耳朵或把手插进羊嘴里去握住舌头，可以知道病羊是否发热。但是准确的方法是用体温表测量，在给病羊量体温时，先把体温表的水银柱甩下去，涂上油或水以后，再慢慢插入肛门里，体温表的1/3留在肛门外面，插入后滞留的时间一般为2~5分钟。羊的体温，一般幼羊比成年羊高一些，热天比冷天高一些，运动后比运动前高一些，这都是正常的生理现象。羊的正常体温是38~40摄氏度；如高于正常体温，则为发热，常见于传染病。

（3）脉搏检查。检查时，注意每分钟跳动次数和强弱等。检查羊脉搏的部位，是用手指摸后肢股部内侧的动脉。健康羊每分钟脉搏跳动70~80次；羊有病时，脉搏的跳动次数和强弱都和正常羊不同。

（4）小体表淋巴结检查。主要检查颈下、肩前、膝上和乳房上淋巴结。当羊发生结核病、伪结核病、羊链球菌病时，体表淋巴结往往肿大，其形状、硬度、温度、敏感性及活动性等也会发生变化。

（5）人工诱咳。检查者站立在羊的左侧，用右手捏压气管前3个软骨环，羊有病时，就容易引起咳嗽；羊发生肺炎、胸膜炎、结核时，咳嗽低弱；发生喉炎及支气管炎时，则咳嗽强而有力。

5. 听诊

听诊是利用听觉来判断羊体内正常的和有病的声音。最常用的听诊部位为胸部（心、肺）和腹部（胃、肠）。听诊的方法有2种，一种是直接听诊，即将一块布铺在被检查的部位，然后把耳朵紧贴其上，直接听羊体内的声音；另一种是间接听诊，即用听诊器听诊。不论用哪种方法听诊，都应当把病羊牵到清静的地方，以免受外界杂音的干扰。

（1）心脏听诊。心脏跳动的声音，正常时可听到“嘣、咚”2个交替发出的声音。“嘣”音，为心脏收缩时所产生的声音，其特点是低、钝、长、间隔时间短，叫作第一心音。“咚”音，为心脏舒张时所产生的声音，其特点是高、锐、间隔时间长，叫作第二心音。第一、第二心音均增强，见于热性病的初期；第一、第二心音均减弱，见于心脏机能障碍的后期或患有渗出性胸膜炎、心包炎；第一心音增强时，常伴有明显的心搏动增强和第二心音微弱，主要见于心脏衰弱的后期，排血量减少，动脉压下降时；第二心音增强时，见于肺气肿、肺水肿、肾炎等病理过程中。如果在正常心音以外听到其他杂音，多为瓣膜疾病、创伤性心包炎、胸膜炎等。

（2）肺脏听诊是听取肺脏在吸入和呼出空气时，由于肺脏振动而产生的声音。一般有下列4种：

①肺泡呼吸音。健康羊吸气时，从肺部可听到“夫”的声音，呼气时，可以听到“呼”的声音，这称为肺泡呼吸音。肺泡呼吸音过强，多为支气管炎、黏膜肿胀等；过弱时，多为肺泡肿胀、肺泡气肿、渗出性胸膜炎等。

②支气管呼吸音。是空气通过喉头狭窄部所发出的声音，类似“赫”的声音。如果在肺部听到这种声音，多为肺炎的肝变期，见于羊的传染性胸膜肺炎等病。

③啰音。是支气管发炎时，管内积有分泌物，被呼吸的气流冲动而发出的声音。啰音可分为干啰音和湿啰音。干啰音甚为复杂，有“咝咝”声、笛声、口哨声及猫鸣声等，多见于慢性支气管炎、慢性肺气肿、肺结核等；湿啰音类似含漱音、沸腾音或水泡破裂音，多发生于肺水肿、肺充血、肺出血、慢性肺炎等。

④捻发音。这种声音像用手指捻毛发时所发出的声音，多发生于慢性肺炎、肺水肿等。弱摩擦音一般有2种，一种为胸膜摩擦音，多发生在肺脏与胸膜之间，多见于纤维素性腹膜炎、胸膜结核等，因为胸膜发炎，纤维素沉积，使胸膜变得粗糙，当呼吸时互相摩擦而发出声音，这种声音像一手贴在耳上，用另一手的手指轻轻摩擦贴耳的手背所发出的声音；另一种为心包摩擦音，

当发生纤维素性心包炎时，心包的两叶失去润滑性，因而伴随心脏的跳动两叶互相摩擦而发生杂音。

（3）腹部听诊。主要是听取腹部胃肠运动的声音。羊健康的时候，于左肷窝可听到瘤胃蠕动音，呈逐渐增强又逐渐减弱的“沙沙”音，每2分钟可听到3~6次；羊患前胃弛缓或发热性疾病时，瘤胃蠕动音减弱或消失。羊的肠音，类似于流水声或漱口声，正常时较弱；在羊患肠炎初期时肠音亢进，便秘时肠音消失。

6.叩诊

叩诊是用手指或叩诊锤来叩打羊体表部分或体表的垫着物（如手指或垫板），借助所发声音来判断内脏的活动状态。羊叩诊方法是左手食指或中指平放在检查部位，右手中指由第二指节成直角弯曲，向左手食指或中指第二指节上敲打。叩诊的声响有清音、浊音、半浊音、鼓音。清音，为叩诊健康羊的胸廓所发出的持续、高亢的声音。浊音，为健康状态下，叩打臀部及肩部肌肉时发出的声音；在病理状态下，当羊胸腔积聚大量渗出液时，叩打胸壁出现水平浊音界。半浊音，为介于浊音和清音之间的一种声音，叩打含少量气体的组织（如肺部），可发出这种声音；羊患支气管肺炎时，肺泡食气量减少，叩诊呈半浊音。鼓音，如叩打左侧瘤胃处，发鼓响音；若瘤胃臌气，则发出鼓音。

**（二）传染病检验**

诊断实验室在收到送检病料时，应立即进行检验。羊传染病检验的一般程序和方法如下：

1.细菌学检验

（1）涂片镜检。将病料涂于清洁无油污的载玻片上，干燥后在酒精灯火焰上固定，选用单染色法（如亚甲基蓝染色法）、革兰染色法、抗酸染色法或其他特殊染色法染色镜检，根据所观察到的细菌形态特征，作出初步诊断或确定进一步检验的步骤。

（2）分离培养。根据所怀疑传染病病原菌的特点，将病料接种于适宜的细菌培养基上，在一定温度（常为37摄氏度）下进行培养，获得纯培养菌后，再用特殊的培养基培养，进行细菌的形态学、培养特征、生化特性、致病力和抗原特性鉴定。

（3）动物实验。用灭菌生理盐水将病料做成1∶10悬液，后利用分离培养获得的细菌液，感染实验动物（如小白鼠、大白鼠、豚鼠、家兔等）。感染方法可用皮下、肌内、腹腔、静脉或脑内注射。感染后按常规隔离饲养管理，注意观察，有时还须对某种实验动物测量体温，如有死亡，应立即进行剖检及细菌学检查。

2.病毒学检验

（1）样品处理。检验病毒的样品，要先除去其中的组织和可能污染的杂菌。其方法是以无菌手段取出病料组织，用磷酸缓冲液反复洗涤3次，然后将组织剪碎、研细，加磷酸缓冲液制成1∶10的悬液（血液或渗出液可直接制成1∶10的悬液），以每分钟2000~3000转的速度离心沉淀15分钟，取出上清液，每毫升加入青霉素和链霉素各1000单位，置冰箱中备用。

（2）分离培养。病毒不能在无生命的细菌培养基上生长，因此，要把样品接种到鸡胚或细胞培养物上进行培养。对分离到的病毒液，用电子显微镜检查、血清学试验及动物实验等方法进行理化学和生物学特性的鉴定。

（3）动物实验。将上述方法处理过的待检样品或经分离培养得到的病毒液，接种易感动物，其方法与细菌学检验中的动物学实验相同。

3.免疫学检验

在羊传染病检验中，经常使用免疫学检验法。常用的方法有凝集反应、沉淀反应、补体结合反应、中和试验等血清学检验方法，以及用于某些传染病生前诊断的变态反应方法等。近年又研究出许多新的方法，如免疫扩散、荧光抗体技术、酶标记技术、单克隆抗体技术等。

4.寄生虫病检验

羊寄生虫病的种类很多，但其临床症状除少数外都不够明显，因此，羊寄生虫病的生前诊断往往需要进行实验室检验。常用的方法有粪便检查和虫体检查。

（1）粪便检查。羊患了蠕虫病以后，其粪便中可取出蠕虫的卵、幼虫、虫体及其片段，某些原虫的卵囊、包囊也可通过粪便排出，因此，粪便检查是寄生虫病诊断的一个重要手段。检查时，粪便应从羊的直肠挖取，或用刚刚排出的粪便。检查粪便中虫卵常用的方法如下：

①直接涂片法。在洁净无油污的载玻片上滴1~2滴清水，用火柴棒蘸取少量粪便放入其中，涂匀，剔去粗渣，盖上盖玻片，置于显微镜下检查。此法快速简便，但检出率很低，最好多检查几个标本。

②漂浮法。取羊粪10克，加少量饱和盐水，用小棒将粪球捣碎，再加10倍量的饱和盐水搅匀，以60目钢筛过滤，静量30分钟，用直径5~10毫米的铁丝圈，与液面平行接触，蘸取表面液膜，抖落于载玻片上并覆盖盖玻片，置于显微镜下检查。该法能查出多数种类的线虫卵和一些绦虫卵，但对相对密度大于饱和盐水的吸虫卵和棘头虫卵，效果不大。

③沉淀法。取羊粪5~10克，放在200毫升容量的烧杯内。加入少量清水，用小棒将粪球捣碎，再加5倍量的清水调制成糊状，用60目铜锅筛过滤，静置45分钟，弃去上清液，保留沉渣，再加

满清水，静置15分钟，弃去上清液，保留沉渣；如此反复3~4次，最后将沉渣涂于载玻片上，置显微镜下检查。此法主要用于诊断虫卵相对密度大的羊吸虫病。

（2）虫体检查

①蠕虫虫体检查。将羊粪数克盛于盆内，加10倍量生理盐水，搅拌均匀，静置沉淀20分钟，弃去上清液。再于沉淀物中重新加入生理盐水，搅匀，静置后弃去上清液；如此反复2~3次，最后取少量沉淀物置于黑色背景上，用放大镜寻找虫体。

②蠕虫幼虫检查法。取羊粪球3~10个，放在平皿内，加适量40摄氏度的温水，10~15分钟后取出粪球，将留下的液体放在低倍显微镜下检查。蠕虫幼虫常集中于羊粪球表面，因易于从粪球表面转移到温水中而被检查出来。

③螨检查法。在羊体患部，先去掉干硬痂皮，然后用小刀刮取一些皮屑，放在烧杯内，加适量的10%氢氧化钾溶液，微微加热，20分钟后待皮屑溶解，取沉渣镜检。

### （三）给药方法

羊的给药方法有多种，应根据病情、药物的性质、羊的大小和头数，选择适当的给药方法。

#### 1.群体给药法

为了预防或治疗羊的传染病和寄生虫病以及促进畜禽发育、生长等，常常对羊群体施用药物，如抗菌药（四环素族抗生素、磺胺类药、硝基呋喃类药等）、驱虫药（硫苯咪唑等）、饲料添加剂、微生态制剂（促菌生、调痢生等）等。大群用药前，最好先做小批的药物毒性及药效试验。常用给药方法有以下2种：

（1）混饲给药。将药物均匀混入饲料中，让羊吃料时能同时吃进药物。此法简便易行，适用于长期投药，不溶于水的药物用此法更为恰当。应用此法时要注意药物与饲料的混合必须均匀，并应准确掌握饲料中药物所占的比例；有些药适口性差，混饲给药时要少添多喂。

（2）混水给药。将药物溶解于水中，让羊只自由饮用。有些疫苗也可用此法投服。对因病不能吃食但还能饮水的羊，此法尤其适用。采用此法须注意根据羊可能饮水的量，来计算药量与药液浓度。在给药前，一般应停止饮水半天，以保证每只羊都能饮到一定量的水；所用药物应易溶于水。有些药物在水中时间长了会变质，此时应限时饮用药液，以防止药物失效。

2. 口法

（1）长颈瓶给药法。当给羊灌服稀药液时，可将药液倒入细口长颈的玻璃瓶、塑料瓶或一般的酒瓶中，抬高羊的嘴巴，给药者右手拿药瓶，左手用食指、中指自羊右口角伸入口内，轻轻压迫舌头，羊口即张开，右手将药瓶口从左口角伸入羊口中，并将左手抽出，待瓶口伸到舌头中段，即抬高瓶底，将药液灌入。

（2）药板给药法。专用于给羊服用舔剂。舔剂不流动，在口腔中不会向咽部滑动，因而不致发生误咽。给药时，用竹制或木制的药板，药板长约30厘米，宽约3厘米，厚约3毫米，表面须光滑没有棱角。给药者站在羊的右侧，左手将开口器放入羊口中，右手持药板，用药板前部刮取药物，从右口角伸入口内到达舌根部，将药板翻转，轻轻按压，并向后抽出，把药抹在舌根部，待羊下咽后，再抹第二次，如此反复进行，直到把药给完。

3. 灌肠法

灌肠法是将药物配成液体，直接灌入直肠内，可用小橡胶管灌。先将直肠内的粪便清除，然后在橡胶管前端涂上凡士林，插入直肠内，把连接橡胶管的盛药容器提高到羊的背部以上。灌肠完毕后，拔出橡胶管，用手压住肛门或拍打尾根部，灌肠的温度应与体温一致。

4.胃管法

羊插入胃管的方法有2种，一是经鼻腔插入，二是经口腔插入。

（1）经鼻腔插入。先将胃管插入鼻孔，沿下鼻道慢慢送入，到达咽部时，有阻挡的感觉，待羊进行吞咽动作时乘机送入食管；如不吞咽，可轻轻来回抽动胃管，诱发吞咽。胃管通过咽部后，如进入食管，继续深送会感到稍有阻力，这时要向胃管内用力吹气，或用橡皮球打气，如见左侧颈沟有起伏，表示胃管已进入食管。如胃管误入气管，多数羊会表现不安、咳嗽，继续深送，感觉毫无阻力，向胃管内吹气，左侧颈沟看不见波动，用手在左侧颈沟胸腔入口处摸不到胃管，同时，胃管末端有与呼吸一致的气流出现。如胃管已进入食管，继续深送即可到达胃内。此时从胃管内排出酸臭气体，将胃管放低时则流出胃内容物。

（2）经口腔插入。先装好木质开口器，用绳固定在羊头部，将胃管插入木质开口器的中间孔，沿上腭直插入咽部，借吞咽动作可顺利进入食管，继续深送，胃管即可到达胃内。胃管插入正确后，即可接上漏斗灌药。药液灌完后，再灌少量清水，然后取掉漏斗，用嘴对胃管吹气，或用橡皮球打气，使胃管内残留的液体完全入胃，用拇指堵住胃管管口，或折叠胃管，慢慢抽出。该法适用于灌服大量水剂及有刺激性的药液。患咽炎、咽喉炎和咳嗽严重的病羊，不可用胃管灌药。

5.注射法

注射法是将灭过菌的液体药物，用注射器注入羊的体内。注射前，要将注射器和针头用清水洗净，煮沸30分钟。注射器吸入药液后要直立推进，注射器活塞排除管内气泡，再用酒精棉花包住针头，准备注射。

（1）皮下注射。是把药液注射到羊的皮肤和肌肉之间。羊的注射部位是在颈部或股内侧皮肤松软处。注射时，先把注射部位的毛剪净，涂上碘酒，用左手捏起注射部位的皮肤，右手持注射器，将针头斜刺入皮肤，如针头能左右自由活动，即可注入药液，注毕拔出针头，在注射点上涂擦碘酊。凡易于溶解又无刺激性的药物及疫苗等，均可进行皮下注射。

（2）肌内注射。是将灭菌的药液注入肌肉比较多的部位，羊的注射部位是在颈部。注射方法基本与皮下注射相同，不同之处是，注射时以左手拇指、食指呈“八”字形压住所要注射部位的肌肉，右手持注射器将针头向肌肉组织内垂直刺入，即可注药。一般刺激性小、吸收缓慢的药液（如青霉素等），均可采用肌内注射。

（3）静脉注射。是将灭菌的药液直接注射到静脉内，使药液随血流很快分布到全身，迅速发生药效，羊的注射部位是颈静脉。注射方法是将注射部位的毛剪净，涂上碘酊，先用左手按压静脉靠近心脏的一端，使其怒张，右手持注射器，将针头向上刺入静脉内，如有血液回流，则表示已插入静脉内，然后用右手推动活塞，将药液注入；药液注射完毕后，左手按住刺入孔，右手拔针，在注射处涂擦碘酊即可。如药液量大，也可使用静脉输入器，其注射分2步进行，先将针头刺入静脉，再接上静脉输入器。凡输液（如生理盐水、葡萄糖溶液等）以及药物刺激性大，不宜皮下或肌内注射的药物，多采用静脉注射。

（4）气管注射。是将药液直接注入气管内。注射时，多取侧卧保定，且头高臀低，将针头穿过气管软骨环之间，垂直刺入，摇动针头，若感觉针头确已进入气管，接上注射器，抽动活塞，见有气泡，即可将药液缓缓注入。如欲使药液流入两侧肺中，则应注射2次；第2次注射时，须将羊翻转，卧于另一侧。本法适用于治疗气管、支气管和肺部疾病，也常用于肺部驱虫（如羊肺线虫病）。

6.羊瘤胃穿刺注药法

当羊发生瘤胃臌气时，可采用此法。穿刺部位是在左肷窝中央臌气最高的部位。其方法是局部剪毛，用碘酊涂擦消毒，将皮肤稍向上移，然后将套管针或普通针头垂直地或朝右侧肘头方向刺入皮肤及瘤胃壁，放出气体后，可从套管针孔注入止酵防腐药。拔出套管针后，穿刺孔用碘酊涂擦消毒。

## 四、常见羊病的防治

### （一）口蹄疫

由口蹄疫病毒引起的急性、热性、接触性传染病，是世界范围内重点控制的动物疫病。

1.疫苗的选择

疫苗要在2~8摄氏度下避光保存和运输，严防冻结，并要求包装完好，防止瓶体破裂，途中避免日光直射和高温，尽量减少途中的停留时间。

2.免疫接种

免疫接种要求由兽医技术人员具体操作（包括饲养场的兽医）。接种前要了解被接种动物的品种、健康状况、病史及免疫史，并登记造册。免疫接种所使用的注射器、针头要进行灭菌处理，一畜一换针头，凡患病、瘦弱、临产母畜不应接种，待病畜康复或母畜分娩后补针。

3.免疫程序

每年采取2次集中免疫（5月和11月），每头成年羊（包括受孕羊）注射O型和亚I二联苗1毫升，2月龄以上羔羊1毫升；免疫率必须达到100%。

4.疫情处理

若发生疫情和疑似疫情，立即逐级向上报告，对确诊病羊进行捕杀，做无害化处理。对疑似病羊进行隔离，并对疫区周围的羊进行强化免疫。对疫点内饲养圈舍、交通工具、饲喂设施、饲养场地进行消毒，对圈舍的垫料、粪便和饲槽内剩余饲料做深埋或焚烧处理。坚持每天消毒1次，连续1周，1周以后每2天消毒1次，疫区内疫点以外的区域每2天消毒1次。

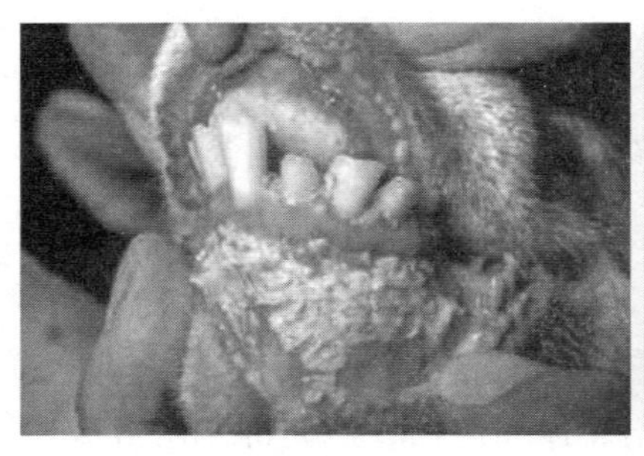
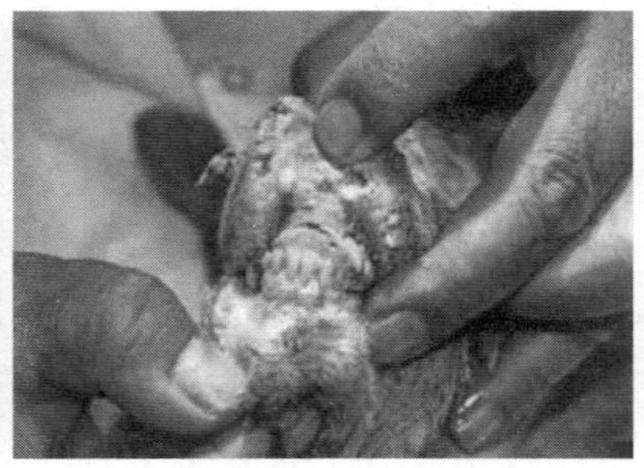

（二）炭疽

人畜共患的急性、热性、败血性传染病。羊多为最急性，表现为突然发病，眩晕，可视黏膜发绀和天然孔出血。

1.临床症状

多为最急性，突然发病，患羊昏迷，眩晕，摇摆，倒地，呼吸困难，结膜发绀，全身颤栗，磨牙，口、鼻流出血色泡沫，肛门、阴门流出血液，且不易凝固，数分钟即可死亡。

2.治疗

必须在严格隔离条件下进行治疗。山羊和绵羊炭疽病程短，常来不及治疗，对病程稍缓和的病羊可采用特异血清疗法结合药物治疗。病羊皮下或静脉注射抗炭疽血清30~60毫升，必要时12小时后再注射1次，病初应用效果好。

炭疽杆菌对青霉素、土霉素及氯霉素敏感，其中青霉素最为常用，剂量按每公斤体重1.5万单位，每8小时肌肉注射1次。

（三）小反刍兽疫

俗称羊瘟，又名小反刍兽假性牛瘟、肺肠炎、口炎肺肠炎复合症，是由小反刍兽疫病毒引起的一种急性病毒性传染病，主要感染小反刍动物，以发热、口炎、腹泻、肺炎为特征。

1.临床症状

小反刍兽疫潜伏期为4~5天，最长21天。自然发病仅见于山羊和绵羊。山羊发病严重，绵羊也偶有严重病例发生。一些康复山羊的唇部形成口疮样病变。感染动物临诊症状与牛瘟病牛相似。急性型体温可上升至41摄氏度，并持续3~5天。感染动物烦躁不安，背毛无光，口鼻干燥，食欲减退，流黏液脓性鼻漏，呼出恶臭气体。在发热的前4天，口腔黏膜充血，颊黏膜进行性广泛性损害，导致多涎，随后出现坏死性病灶，开始口腔黏膜出现小的粗糙的红色浅表坏死病灶，后变成粉红色，感染部位包括下唇、下齿龈等处。严重病例可见坏死病灶波及齿垫、腭、颊部及其乳头、舌头等处。后期出现带血水样腹泻，严重脱水，消瘦，随之体温下降，出现咳嗽、呼吸异常。发病率高达100%，在严重暴发时，死亡率为100%，在轻度发生时，死亡率不超过50%。幼年动物发病严重，发病率和死亡率都很高。

2. 防治措施

对此病尚无有效的治疗方法，发病初期使用抗生素和磺胺类药物可对症治疗和预防继发感染。在此病的洁净国家和地区发现病例，应严密封锁，捕杀患羊，隔离消毒；对此病的防控主要靠疫苗免疫。

（1）牛瘟弱毒疫苗。因为此病毒与牛瘟病毒的抗原具有相关性，可用牛瘟病毒弱毒疫苗来免疫绵羊和山羊进行小反刍兽疫病的预防。牛瘟弱毒疫苗免疫后产生的抗牛瘟病毒抗体能够抵抗小反刍兽疫病毒的攻击，具有良好的免疫保护效果。

（2）小反刍兽疫病毒弱毒疫苗。目前小反刍兽疫病毒常见的弱毒疫苗为Nigeria7511弱毒疫苗和Sungri/96弱毒疫苗，该疫苗无任何副作用，能交叉保护其各个群毒株的攻击感染，但其热稳定性差。

（3）小反刍兽疫病毒灭活疫苗。本疫苗采用感染山羊的病理组织制备，一般采用甲醛或氯仿灭活。实践证明甲醛灭活的疫苗效果不理想，而用氯仿灭活制备的疫苗效果较好。

（4）重组亚单位疫苗。麻疹病毒属的表面糖蛋白具有良好的免疫原性，无论是使用H蛋白或N蛋白都作为亚单位疫苗，均能刺激机体产生体液和细胞介导的免疫应答，产生的抗体能中和小反刍兽疫病毒和牛瘟病毒。

（5）嵌合体疫苗。嵌合体疫苗是用小反刍兽疫病毒的糖蛋白基因替代牛瘟病毒表面相应的糖蛋白基因。这种疫苗对小反刍兽疫病毒具有良好的免疫原性，但在免疫动物血清中不产生牛瘟病毒糖蛋白抗体。

（6）活载体疫苗。将小反刍兽疫病毒的F基因插入羊痘病毒的TK基因编码区，构建了重组羊痘病毒疫苗。重组疫苗既可抵抗小反刍兽疫病毒强毒的攻击，又能预防羊痘病毒的感染。

羊舍周围用碘制剂消毒药每天消毒2次。使用羊全清配合刀豆素肌肉注射，每天1次，连用2天。针对受孕的母羊按照治疗量每天分2次注射。2天后化脓的部位出现结痂，结痂后完全恢复正常。

**（四）布鲁氏菌病**

布鲁氏菌病是由布鲁氏菌引起人畜共患病的一种慢性传染病。病菌主要侵害生殖系统，动物感染后，以母羊发生流产和公羊发生睾丸炎为特征。

1.临床症状

（1）母羊除流产外常不表现临床症状。流产发生于妊娠后第3~4个月，多数母羊感染后只发生1次流产；此外也可能有胎衣滞留、乳房炎、关节炎、支气管炎、公羊睾丸炎等。

（2）实验室诊断，多采用凝集反应。

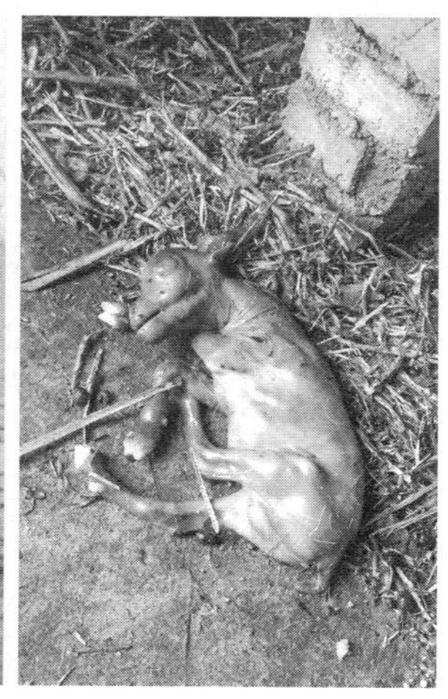

2. 防控措施

（1）检测。阴性羊群至少每年检测1次，阳性羊群每月检测1次。

（2）淘汰。检出的阳性羊全部淘汰，进行无害化处理。

（3）免疫。阳性检出率较高的羊场，最好进行免疫接种；常用的疫苗有M5或M5-90弱毒活苗，S2弱毒活苗。配种前1~2个月皮下或肌肉注射，孕羊易流产。

### （五）绵羊痘

是由绵羊痘病毒引起的一种急性、热性、接触性传染病。该病以无毛或少毛的皮肤和黏膜上发生痘疹为特征。典型病例初期为丘疹，后变水疱、脓疱，最后干结成痂，脱落而痊愈。

1. 临床症状

病羊体温升高到41~42摄氏度，精神不振，食欲减退，并伴有可视黏膜卡他性、脓性炎症；经1~4天，开始发痘，发痘的初期为红斑，1~2天后形成丘疹，为突出于皮肤表面的苍白色坚实结节；结节在2~3天内变成水疱，水疱内容物起初像淋巴液，逐渐增多，中央凹陷呈脐状。

2. 治疗

皮肤上的痘疱，涂碘酒或紫药水；黏膜上的病灶，用0.1%高锰酸钾液充分冲洗后，涂拭碘甘油或紫药水。继发感染时，肌肉注射青霉素80万~160万单位，每日1~2次，或用10%磺胺嘧啶钠10~20毫升，肌注1~3次。也可用免疫血清治疗，每只羊皮下注射10~20毫升，必要时重复1次。

3. 预防

加强饲养管理，勿从疫区引进羊和购入羊肉、羊毛产品。发生疫情时，划区封锁，隔离消毒，对发病区和受威胁区的羊定期预防接种。常用羊痘鸡胚化弱毒疫苗，大小羊一律在尾部或股内侧皮内注射0.5毫升，免疫期可持续1年。

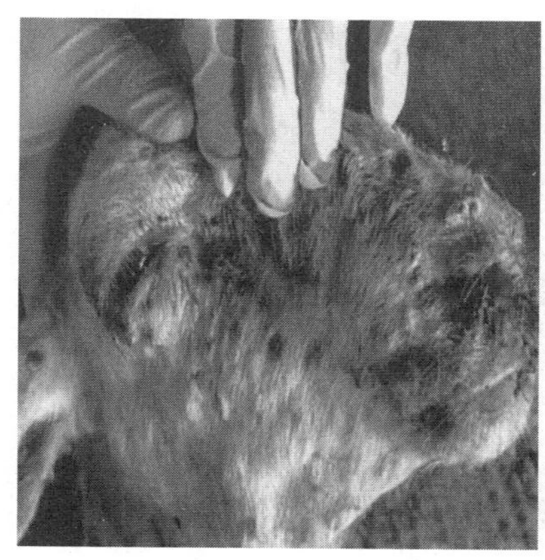

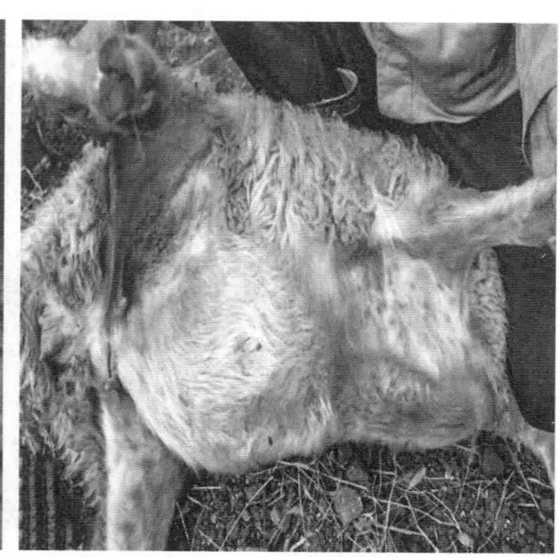

（六）羔羊梭菌性痢疾

简称羔痢，该病以剧烈腹泻和小肠发生溃疡为特征；有时C、D型魏氏梭菌也参与致病。

1.临床症状

潜伏期1~2天；发病初期精神委顿，不想吃奶，不久即下痢，粪便恶臭，有的稠如面糊，有的稀薄如水，颜色黄绿、黄白甚至灰白；后期带血，成为血便，病羔虚弱，卧地不起，常于1~2天内死亡。

2.治疗

土霉素0.2~0.3克或再加等量胃蛋白酶，水调灌服，每日2次。用磺胺胍0.5克、鞣酸蛋白0.2克、次硝酸铋0.2克、碳酸氢钠0.2克，或再加呋喃唑酮0.1~0.2克，水调灌服，每日3次；也可先灌服含0.5%福尔马林的6%硫酸镁溶液30~60毫升，6~8小时后再灌服1%高锰酸钾溶液10~20毫升；也可注射青霉素、链霉素各20万单位；治疗的同时应加强护理。

3.预防

增强孕羊体质，产羔季节注意保暖，防止受凉；合理哺乳；做好消毒、隔离工作。每年产前定期注射羊厌气菌病五联苗或近年来试制成功的六联苗（羊快疫、羊肠毒血症、羊猝狙、羊黑疫、羔羊痢疾和大肠杆菌病），皮下注射3毫升。

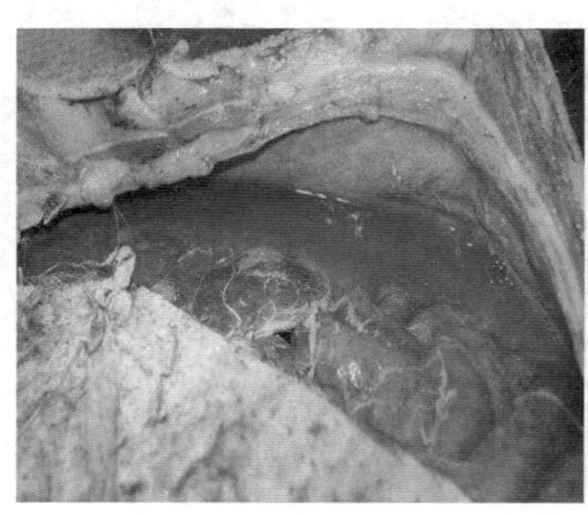
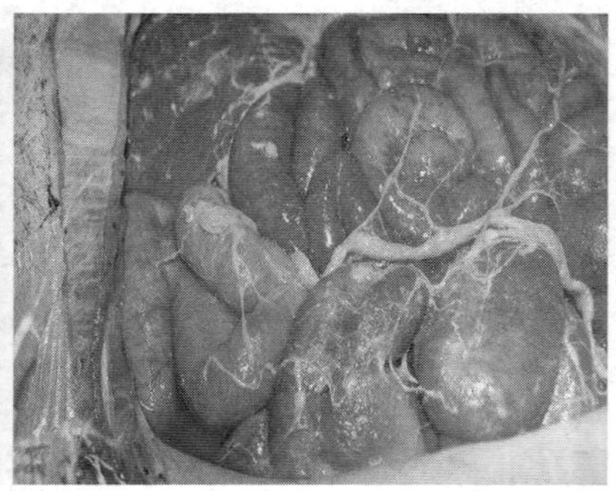

### （七）羊黑疫

又称传染性坏死性肝炎，该病以肝实质发生坏死性病灶为特征。

1.临床症状

该病的临床症状与羊肠毒血症、羊快疫等极其相似，病程短促；表现为突然死亡，少数病例可拖至1~2天。常表现为食欲废绝，反刍停止，精神不振，放牧掉群，呼吸急促，体温41.5摄氏度左右，昏睡俯卧而死。

2.治疗

病程稍缓的病羊，肌肉注射青霉素80万~160万单位，每日2次；也可静脉或肌肉注射抗诺维氏梭菌血清，每次50~80毫升，连续用1~2次。

3.预防

控制肝片吸虫的感染，定期注射羊厌气菌病五联苗，皮下或肌肉注射5毫升。发病时，搬圈至高燥处，也可用抗诺维氏梭菌血清早期预防，皮下或肌肉注射10~15毫升，必要时重复1次。

### （八）羊传染性胸膜肺炎

羊传染性胸膜肺炎是由支原体所引起的一种高度接触性传染病。其临床特征为高热、咳嗽、胸和胸膜发生浆液性和纤维素性炎症，取急性和慢性经过，病死率很高。

1.临床症状

（1）高热稽留不退，病初出现短而湿的咳嗽，伴有浆性鼻漏，后变干而痛苦，鼻液转为黏液—脓性并呈铁锈色，眼睑肿胀，眼有黏液—脓性分泌物，间或有腹泻，孕羊大批（70%~80%）发生流产。

（2）胸腔常有淡黄色液体，间或两侧有纤维素性肺炎；肝变区凸出于肺表，切面呈大理石样，肝变多发生于单侧肺；胸膜变厚而粗糙，有黄白色纤维素层附着，胸膜与肋膜，心包发生粘连。

2.防治措施

（1）免疫接种。应根据本地病原体的情况，选择使用疫苗，常用的疫苗有山羊传染性胸膜肺炎氢氧化铝苗、鸡胚化弱毒苗、绵羊肺炎支原体灭活苗。

（2）治疗。可用氟苯尼考、氧氟沙星、泰乐菌素、磺胺等抗菌药物结合对症疗法。

### （九）羊巴氏杆菌病

是多杀性巴氏杆菌、溶血性巴氏杆菌引起的一种传染病，见于羔羊。

1. 临床症状

（1）巴氏杆菌为条件性病原菌，气候剧变、长途运输、营养不良等应激因素可诱发本病发生。

（2）体温升高到41~42摄氏度，咳嗽，鼻孔流血并混有黏液；病初便秘，后期腹泻，有的粪便呈血水样，最后因腹泻脱水而死亡。

（3）剖检可见颈、胸部皮下有胶冻样水肿和出血点；淋巴结水肿、出血；胸腔积液，肺瘀血，有小出血点和肝变；胃肠有出血性炎症；肝有坏死灶。

2. 防治措施

（1）加强饲养管理，保持圈舍卫生，定期消毒，避免应激，可用药物预防。

（2）治疗可用氟苯尼考、环丙沙星、磺胺类药物等抗菌药物。

**（十）羊消化道线虫病**

是寄生在羊消化道内的血矛线虫属、毛圆线虫属、细颈线虫、马歇尔线虫、食管口线虫等各种线虫引起的一种疾病，其特征是患羊消瘦、贫血、胃肠炎、下痢、水肿等，严重感染可引起死亡。

1. 临床症状

（1）羊消化道线虫病病原种类较多，在临床上引起的症状大多无特征性，在严重感染的情况下，可出现不同程度的贫血、消瘦、胃肠炎、下痢、下颌间隙及颈胸部水肿、羔羊发育受阻。

（2）剖检可在消化道内发现虫体。

（3）粪便虫卵检查，可计算感染率，在条件许可的情况下，可进行粪便培养，检查第三期幼虫。

2. 防治措施

选择高效、低毒、光谱的驱虫药物，如左旋咪唑、丙硫咪唑、甲苯咪唑、伊维菌素等进行治疗和预防性的定期驱虫（每年2次）。

### （十一）羊螨病

是由痒螨和疥螨寄生于家畜体表而引起的慢性接触传染性皮肤病，以皮疹和搔痒为特征，患畜表现消瘦、脱毛。绵羊的痒螨病流行广泛，危害极大。

1.临床症状

患病羊表现奇痒，常在槽柱、墙角擦痒，皮肤先有针尖状大小结节，继而形成水泡和脓疱，患部渗出液增加，皮肤表面湿润；其后有黄色结痂，皮肤变厚变硬，形成龟裂；患部毛束大批脱落，甚至全身脱光。

2.防治措施

（1）预防。每年预防性用药2次，可用伊维菌素注射或口服，敌百虫等药物。夏季最好选择药浴，秋冬季节最好注射或口服。

（2）治疗。伊维菌素注射或口服，间隔1周，重复用药1次。用滴滴涕乳剂、林丹乳油水乳液、敌百虫软膏等涂擦，治疗前剪毛，除去污垢和痛皮，涂擦患部即可。

### （十二）异食癖

指特别喜欢吃不正常的非食用品，如舔食墙土、吞食骨块、土块、瓦砾、木、粪便、破布、煤渣、塑料薄膜等物品。

1.发病原因

（1）饲料单一，营养不良，维生素、微量元素和蛋白质缺乏，易造成消化功能代谢紊乱，致使味觉异常而发生异食癖。

（2）慢性病的一种症状，如患寄生虫病、慢性消化不良时，常表现异食行为。

2. 防治措施

（1）加强饲养管理，饲喂全价饲料，定期驱虫。

（2）复合维生素B肌肉注射；酵母片50克、小苏打50克、红糖100克灌服，每天1次，连用2次。

### （十三）羔羊肺炎

是由于肺泡中渗出物增加而引起呼吸机能障碍的疾病。多因受寒感冒，物理化学因素的刺激，条件性病原菌的侵害而引起。化脓性肺炎常在大叶性肺炎时，受化脓菌感染继发而来。

1. 临床症状

（1）初期症状不明显，发展到一定程度才表现出精神不振、体温高达40摄氏度以上、食欲及反刍减少、呼吸困难、脉搏加快、黏膜发绀。

（2）剖检可见胸腔病变，多有积液、肺脏有结节或实变区，有支气管炎和间质性肺炎的表现，部分出现化脓性病变。

2. 防治措施

（1）加强饲养管理，保持圈舍卫生，防止吸入灰尘。

（2）治疗用10%磺胺嘧啶，或抗生素（青霉素、链霉素、庆大霉）肌肉注射。

### （十四）羊肝片吸虫病

是由肝片吸虫寄生在肝脏胆管内引起慢性或急性肝炎和胆管炎，同时伴发全身性中毒现象及营养障碍等症状的疾病。

1. 临床症状

急性病羊，初期发热、衰弱、易疲劳、离群落后；叩诊肝区半浊音界扩大，压痛明显；很快出现贫血、黏膜苍白、红细胞及血红素显著降低；严重者多在几天内死亡。

2.药物治疗

驱除肝片吸虫的药物，常用的有下列几种：

（1）丙硫咪唑（抗蠕敏）。为广谱驱虫药，对驱除肝片吸虫成虫有良效；剂量按每千克体重5~15毫克，口服。

（2）硝氯酚（拜耳9015）。驱成虫有高效；剂量按每千克体重4~5毫克，口服。

（3）羟氯柳胺。驱成虫有高效；剂量按每千克体重15毫克，口服。

3.防治措施

对该病必须采取综合性防治措施，才能取得较好成效。其主要措施包括：

（1）定期驱虫。驱虫是预防和治疗的重要方法之一。驱虫的次数和时间必须与当地的具体情况及条件相结合。每年如进行1次驱虫，可在秋末冬初进行；如进行2次驱虫，另一次驱虫可在翌年的春季。

（2）粪便处理。及时对畜舍内的粪便进行堆积发酵，以便利用生物热杀死虫卵。

（3）饮水及饲草卫生。不在沼泽、低洼地区放牧，以免感染囊蚴；饮水最好用自来水、井水或流动的河水，并保持水源清洁卫生；有条件的地区可采用轮牧方式，减少感染机会。

**（十五）羊焦虫病**

是由寄生在红血球中的一种原虫引起的疾病。在临夏州高寒阴湿地区较为常见，呈地方流行或散发，在农村乡镇以放牧的羊只发生较多，发病多在4~8月较高。发病羊生产能力下降，严重者造成死亡，给养羊业造成极大损失。

1. 临床病状

病程多数呈急性经过，1个月龄以上的羔羊及1~2岁的幼年羊病势沉重，病期1周左右，个别病例突然死亡。精神沉郁，眼结膜开始潮红，继而苍白，并有轻度黄疸；眼睑水肿，口腔和鼻孔黏液较多；病初粪便干燥，后期腹泻，粪便混有血样黏液；病羊迅速消瘦，精神萎靡，放牧离群落后，低头耷耳，头伸向前方呆立，步态僵拘，步幅缩短，步伐不稳；后期虚弱，卧地不起，将头沿地面伸直，最后衰竭而死。

2. 防治

（1）采取消灭病原体及对症治疗的综合防治措施。据多年的经验，国产贝尼尔对绵羊的泰勒焦虫病有较高的疗效。按每千克体重5毫克使用，配成5%~7%的溶液，臀部深层肌肉注射。轻症注射1次即愈，必要时每天1次，连用2~3天。

（2）对症治疗。对病情较重的羊加强护理，对症治疗，强心、补液、健胃、清肝利胆等，严重贫血补给维生素$B_{12}$和硫酸亚铁等抗贫血药物，优质肉羊品种可采取输液。

3. 预防

（1）羊焦虫病的发生与蜱虫的活动有密切关系，掌握草场及圈舍蜱虫的生活习性，制定综合性预防措施。

（2）灭蜱虫是本病首要内容之一，切断传播途径，避免和消灭蜱虫的侵袭，发现羊体寄生蜱虫及时摘除处死。定期用3%敌百虫溶液（现用现配）喷雾灭蜱，3~7天1次，羊体、运动场、墙壁等彻底喷雾。

（3）药物预防。按每千克3毫克贝尼尔使用，用生理盐水稀释肌肉注射，15天1次。

### （十六）绵羊食毛症

多发生于冬季舍饲的羔羊，由于食毛量过多，可影响消化，严重时因毛球阻塞肠道形成肠梗死而造成死亡。

1.临床症状

初期，羔羊啃食母羊被毛，有异食癖，喜食污粪或舔土；当毛球形成，毛球横径大于幽门或嵌入肠道，使真胃和肠道阻塞，羔羊呈现消化不良、便秘、腹痛及胃肠臌气，严重者表现消瘦、贫血。成年羊食毛，常使整群羊被毛脱落，全身或局部缺毛。

2.防治

增加维生素或无机盐微量元素；加强饲养管理，改换放牧地；补饲家畜生长素和饲料添加剂，增喂精料。在病程中，清理胃肠，维持心脏机能，防止病情恶化。

### （十七）胃肠炎

是胃肠黏膜及其深层组织的出血性或坏死性炎症。其临床表现以严重的胃肠功能障碍和不同程度自体中毒为特征。

1.临床症状

初期病羊多呈现急性消化不良的症状，其后逐渐或迅速转为胃肠炎的症状。病羊食欲废绝，口腔干燥发臭，舌面覆有黄白苔，常伴有腹痛。肠音初期增强，以后减弱或消失，不断排稀粪便或水样粪便，气味腥臭或恶臭，粪中混有血液及坏死的组织片。慢性胃肠炎病程长，病势缓慢，主要症状同于急性，可引起恶病质。

2.治疗

口服磺胺脒4~8克、小苏打3~5克；或口服药用炭7克、萨罗尔2~4克、次硝酸铋3克，加水1次灌服；或用青霉素40万~80万单位、链霉素50万单位，1次肌肉注射，连用5天。脱水严重的宜输液，可用5%葡萄糖150~300毫升、10%樟脑磺酸钠4毫升、维生素C 100毫克混合，静脉注射，每日1~2次。亦可用土霉素或四环素0.5克，溶解于生理盐水100毫升中，静脉注射。

急性肠炎可用中药治疗，其处方：白头翁12克、秦皮9克、黄连2克、黄芩3克、大黄3克、山枝3克、茯苓6克、泽泻6克、玉金9克、木香2克、山楂6克，1次煎水，灌服。

### （十八）羊的马铃薯中毒

主要是用生马铃薯皮（尤其是发绿的）或腐烂的马铃薯喂羊时量过大；春季种马铃薯时，将发出的芽或腐烂的块根废弃后未加处理，被羊误食而中毒。

#### 1.临床症状

羊马铃薯中毒时，体温正常或稍高。轻症多表现流涎、瘤胃臌胀，有时尚可出现腹痛，初便秘，后下痢甚至便血，精神沉郁甚至嗜眠；中毒重剧者，以神经症状为主，在短期兴奋不安后，很快转入沉郁，进而后肢无力，共济失调，步态蹒跚，甚或四肢麻痹，呼吸困难，心脏衰弱，结膜发绀，最后昏迷，一般经2~3天死亡。此外，有些病例可在口唇周围、肛门、尾根、四肢的系凹部及母羊的阴道和乳房部位发生湿疹或水泡性皮炎。

#### 2.治疗

（1）应立即停喂马铃薯，灌服食醋。

（2）为减少马铃薯素的吸收及保护胃肠黏膜，可投服1%的鞣酸100~300毫升。

（3）内服油类泻剂，促进胃肠内容物的排出。

（4）静脉注射高渗葡萄糖液及进行必要的对症疗法。

#### 3.预防

（1）做好马铃薯的收贮工作，防止发芽、变绿和腐烂。

（2）用生马铃薯皮喂羊时要控制量；发芽的、变绿的马铃薯皮，应用水泡或煮过，将水弃去后再喂。

（3）摘下马铃薯的芽，不要随地乱丢，以免被羊误食；腐烂的马铃薯应将腐烂部分彻底去除，并应水浸或蒸煮后饲喂。

### （十九）瘤胃积食

是瘤胃充满多量饲料，超过了正常容积，致使胃体积增大，胃壁扩张，食糜滞留在瘤胃引起严重消化不良的疾病。该病临床特征为反刍、嗳气停止，瘤胃坚实，疝痛，瘤胃蠕动极弱或消失。

#### 1.临床诊断

发病较快，采食反刍停止，病初不断嗳气，随后嗳气停止，腹痛摇尾，或后蹄踏地，拱背，咩叫，病后期精神萎靡；左侧腹下轻度膨大，肷窝略平或稍凸出，触摸稍感硬实；瘤胃蠕动初期增强，以后减弱或停止，呼吸迫促，脉搏增数，黏膜深紫红色。

当过食谷物引起瘤胃积食发生酸中毒和胃炎时，精神极度沉郁，瘤胃松软积液，手冲击有拍水感，病羊喜卧，腹部紧张度降低，有的可能表现为视觉扰乱，盲目运动。

#### 2.治疗

应消导下泻，止酵防腐，纠正酸中毒，健胃补充体液。

消导下泻，可用石蜡油100毫升、人工盐50克或硫酸镁50克、芳香氨醑10毫升，加水500毫升，1次灌服。

解除酸中毒，可用5%碳酸氢钠100毫升灌入输液瓶，加5%葡萄糖200毫升，静脉1次注射；或用11.2%乳酸钠30毫升，静脉注射。为防酸中毒继续恶化，可用2%石灰水洗胃。

用中药大承气汤：大黄12克、芒硝30克、枳壳9克、厚朴12克、玉片1.5克、香附子9克、陈皮6克、千金子9克、青香3克、二丑12克，煎水，1次灌服。

### （二十）瘤胃酸中毒

瘤胃酸中毒是因过食了富含碳水化合物的谷物饲料，在瘤胃内发酵产生大量乳酸后引起的急性乳酸中毒病。

1.临床症状

病羊精神沉郁，食欲和反刍下降或废绝；触诊瘤胃胀软，口内流出泡沫样液体，腹泻或排粪很少，有的出现蹄叶炎而跛行；轻型病例可耐过，如病期延长亦多死亡。

2.防治措施

（1）避免羊过量采食谷物饲料；若长期饲喂过量精饲料，可在饲料中加入1%的碳酸氢钠。

（2）治疗用1.5%的碳酸氢钠200~500毫升，5%葡萄糖溶液500毫升，60毫升维生素C静脉注射；口服碳酸氢钠10~30克。

### （二十一）乳房炎

是由于病原微生物感染而引起乳腺、乳池和乳头发炎的一种疾病。主要表现特征是乳房发热、红肿、疼痛，影响泌乳机能和产乳量。

1.临床症状

母羊抗拒、躲闪羔羊吮乳；急性期乳房局部红肿、硬结、热痛、乳量减少；乳汁变性，混有黄色脓汁或稀薄灰红色脓液，亦见乳汁中带血。若炎症转为慢性，则病程延长，丧失泌乳机能。

2.防治措施

（1）产羔期经常注意检查母羊乳房；挤奶要卫生。

（2）病初可用青霉素80万单位，0.5%普鲁卡因10毫升，混合溶解后经乳房导管注入乳池内，之后轻揉乳房腺体部，使药液分布于乳腺中；或用青霉素普鲁卡因溶液注射封闭乳房基部。慢性乳房炎无治疗价值，母羊进行淘汰处理。

（二十二）硒缺乏症

硒与维生素E代谢具有加成作用，故又称硒—维生素E缺乏症，即白肌病。主要由饲料、饲草中长期缺乏硒和维生素所致，主要发生在羔羊，死亡率有时可高达40%~60%。临床上以运动失调和循环衰竭为特征。

1.临床症状

（1）病羔羊全身衰弱，肌肉弛缓，运动无力，站立困难，卧地不起；有时呈现强直性痉挛状态，随即出现麻痹、血尿。

（2）慢性白肌病可继发肺炎，肢体肌肉僵硬，消化不良等。

（3）尸检可见心肌、全身骨骼呈不同程度的变性、坏死，心包液增多，色淡苍白，呈灰黄色或灰白色的斑块状或条纹状。

（4）肺瘀血、水肿。

（5）肝脏肿大，呈土黄色。

2.防治措施

（1）加强母畜饲养管理，日粮中添加含硒和碘的生长素制剂。

（2）患病羔羊用0.2%亚硒酸钠溶液2毫升，肌肉注射，间隔1日，连用2次。

（二十三）羊前胃迟缓

羊前胃迟缓是由于长期饲喂难以消化的饲草，或饲喂精饲料过多，或饲喂霉变、冰冻饲料等因羊胃兴奋性降低和肌肉收缩力弱而导致的疾病，是舍饲羊的一种多发病。

1.临床症状

食欲降低或废绝，反刍缓慢或停止，瘤胃蠕动减弱或停止，精神沉郁，倦怠无力喜卧地。

2.治疗措施

（1）若过食引发此病，可采用饥饿疗法，或禁食2~3次，然后给易于消化的饲料等。

（2）成年羊可用硫酸镁20~30克或人工盐20~30克、石蜡油100~200毫升，加水500毫升，1次灌服。

（3）10%氯化钠50毫升、生理盐水100毫升、10%氯化钙10毫升，混合后1次静脉注射。

（4）酵母粉30克、红糖10克、酒精20毫升，加水适量，灌服。

**（二十四）妊娠毒血症**

是受孕后期母羊由于碳水化合物和挥发性脂肪酸代谢障碍而发生的急性代谢病。

1.临床症状

（1）受孕后期精神沉郁，离群呆立，意识紊乱，进而表现出血神经症状，头向后仰或弯向侧方，卧地不起，死前昏迷，全身痉挛，四肢泳动。

（2）剖检可见黏膜黄染，肝、肾肿大，变脆，呈土黄色。

2.治疗措施

治疗原则是补糖、保肝、纠正酸中毒。可用10%葡萄糖溶液500毫升、维生素C注射液1克、5%碳酸氢钠注射液200毫升，静脉注射，每日1次，连用3~5次。

**（二十五）尿结石病**

尿结石病系尿路中盐类结晶析出所形成的凝结物，嵌入泌尿道而引起尿道发炎，排尿机能障碍的一种疾病，本病多发生于成年羊，尤其是种公羊、幼龄羔羊，无季节性。

1.临床症状

诊断时，观察临床症状，出现尿频、无尿、尿痛等现象，取尿液与显微镜观察，可见有脓细胞，肾上皮组织或血液。

2.治疗措施

（1）药物治疗。对于发现及时、症状较轻的，饲喂大量饮水和液体饲料，同时投服利尿药及消炎药物（青霉素、链霉素、乌洛托品等），此法治疗简单，对于轻症羊只可以使用，有时膀胱刺穿也可作为药物治疗的辅助疗法。

（2）手术治疗。对于药物治疗效果不明显或完全阻塞尿道的羊只，可进行手术治疗。限制饮水，对膨大的膀胱进行穿刺，排出尿液，同时肌注阿托品6毫克，使尿道肌松弛，减轻疼痛，然后在相应的结石位置采用手术疗法，切开尿道取出结石。

（3）术后护理。术后的护理是病羊能否康复的关键，要饲喂液体饲料，并注射利尿药及抗菌消炎药物，加强术后治疗。

3.预防

在平时的饲养当中，不能长期饲喂高蛋白、高热量、高磷的精饲料及块根颗粒饲料，多喂富含维生素A的饲料；及时对泌尿器官疾病进行治疗，防止尿液滞留，平时多喂多汁饲料和增加饮水。另外，对于无治疗价值的病畜，及早进行淘汰处理。

**（二十六）瘤胃臌气**

瘤胃臌气是因过多地采食易于发酵产气的饲料，发酵产气后使瘤胃急剧增大而发生膨胀的一种瘤胃疾病。

1.临床症状

病牛不安、腹痛明显、腹围增大、左肷部异常凸起，反刍、嗳气停止，张口呼吸且呼吸困难，心跳加快，可视黏膜发绀，触腹部紧张而有弹性；泡沫性臌气病情更严重，病牛常因窒息而死亡。

2.病因

（1）原发。采食大量易发酵产气的青绿饲料，特别是含氮豆科鲜草。

（2）继发。常继发于食管阻塞或食管狭窄，前胃弛缓、创伤性网胃腹膜炎、麻痹瘤胃的有毒植物中毒等。

3.治疗

（1）瘤胃穿刺排气。

（2）石蜡油500毫升、鱼石脂20克、酒精100毫升加水适量口服，并结合强心补液。

（3）泡沫性臌气可用消胀片（二甲基硅油）2克口服。

# 第八章

# 粪污无害化处理

# 第八章　粪污无害化处理

牛羊养殖粪污从环保角度来说是一种污染源，但从循环发展的观念来看更是一种资源。中国用世界7%的土地养活了20%的人口，目前存在的一个突出问题是在7%土地上，使用了全世界35%的化肥，加上农药等其他农资的过量使用，使中国农产品的安全形势相当严峻。现在癌症等恶性疾病发病率高，这与过量使用化肥农药有很大关系。而牛羊粪便作为主要的有机肥料资源，没有得到重视。目前，我们要把养殖粪污利用作为畜牧业健康发展的重要措施，一是利用沼气能源项目，在大中型养殖场配套建设沼气池，通过沼气发酵实现粪污的有效利用；二是在养殖场建设独立的发酵场地，通过集中堆积发酵的方法，将粪便转化成优质有机肥；三是建设生物发酵肥料厂，将粪便通过生物发酵技术，生产设施蔬菜、苗木花卉专用商品肥料，实现粪便的资源化增值。

## 一、规模养殖场粪污无害化处理方法

改善农村人居环境质量，美化社会主义新农村，环境卫生治理尤其重要。养殖污染已成为现代畜牧业发展的瓶颈，规模养殖场废弃物的无害化处理，畜禽粪便综合利用成了养殖工作的重中之重。

1. 建雨水沟

实行雨污分离，减少沼气池废物处理量。雨水沟的坡度为1.5%，分流的雨水直接外排。

2. 建干粪堆放处

堆放处必须防雨防渗，并定期清运。堆放处地面要全部硬化，四周建浸出液收集沟，收集沟与沼气池连通。堆放处容积大小视养殖场规模而定，通常每10头猪（或1头肉牛、2头奶牛、2000羽羽肉鸡、500羽羽蛋鸡）的粪便堆放所需容积为1立方米。

3. 建沉渣池

对冲洗的粪便及其他固体物质进行二次收集。

4. 建沼气池

对粪便、尿液及污水进行厌氧发酵处理，产生的沼气可满足场内生活及部分生产能源，降低生产成本。沼气池大小视养殖场规模而定，每10头猪（或1头肉牛、2头奶牛）所需沼气池容积约为2立方米。

5. 建污水、尿液贮存池

建设能容纳2个月以上的污水、尿液产生量的贮存池（每出栏1头猪贮存池体积不少于0.3立方米）。

6. 粪便生产有机肥

如果养殖场自行生产必须有明确的粪便入库单、有机肥出库单和销售证明；粪便提供给专业有机肥厂利用的，应有厂家接收证明材料及生产销售记录。大约4吨畜禽粪便可生产1吨有机肥。

7. 建沼液总贮存池及配套设施

用于贮存沼液。在总贮池周围铺水泥板进行硬化并安装水泥柱铁网围栏，以免发生安全事故。

8.绿化

在生物滤池四周栽种小叶榕进行绿化，不但有利于美化场区环境，还可吸收大气中有害物质，过滤、净化空气，减轻异味，改善场内环境。

9.综合利用

将畜牧业、种植业、林业、渔业等有机结合起来，走立体养殖、综合利用、生态良性循环的路子。通常每667平方米土地年消纳粪便量不超过5头猪（或200羽肉鸡、50羽蛋鸡、0.2头肉牛、0.4头奶牛）的产生量。实行互为利用，化害为利，变废为宝，大力发展生态型、环保型养殖业，积极推广“猪—沼—果”“猪—沼—菜”“猪—沼—鱼”等生态养殖模式，实现多级循环利用和可持续发展。

## 二、畜禽粪便无害化处理的几种常见方法

畜禽粪便的无害化处理，就是指利用科学的方法去掉粪便中的致病微生物和寄生虫卵，同时能保存粪便的肥效，处理后的粪便能达到无害化卫生标准的要求。目前，中国普遍采用的畜禽粪便无害化处理的方法有以下几种：

1.堆肥法

用于处理有机垃圾。其原理是利用微生物对垃圾中的有机物进行代谢分解，并能产生有机肥料。主要是通过高温发酵杀菌消毒，达到无害化处理目的。

2.化粪池

将生活污水分格沉淀，对污泥进行厌氧消化。化粪池是一种利用沉淀和厌氧发酵的原理，去除生活污水中悬浮性有机物的处理方法。生活污水中含有大量粪便、纸屑、病原虫等悬浮物。污

水进入化粪池经过12~24小时的处理，沉淀下来的污泥经过3个月以上的厌氧消化，使污泥中的有机物分解成稳定的无机物，并使处理的污水得以净化。

3.沼气池

是指有机物质在厌氧环境中，在一定的温度、湿度、酸碱度的条件下，通过微生物发酵，产生气体。沼气细菌分解有机物，产生沼气的过程叫沼气发酵，达到粪便无害化处理的目的。进行沼气发酵，制取其他生物能源或进行其他类型的资源回收综合利用，要避免二次污染，并应符合《畜禽养殖业污染物排放标准》的规定。产生的沼气用于集中供气（少量用于发电），对沼渣、沼液应尽可能实现综合利用，如用于农田、菜地、果树和经济作物的肥料以及牛和鱼的饲料添加剂等。同时为避免产生新的污染，沼渣应及时清运至粪便贮存场所，沼液尽可能进行还田利用，不能还田利用并需外排的要进行进一步净化处理，达到排放标准。沼气发酵产物应符合《粪便无害化卫生标准》。

4.好氧发酵

分为静态发酵和动态发酵模式，指通过好氧发酵菌将畜粪、作物秸秆、稻草、松壳、花生壳、稻糠、锯木屑、树叶和蘑菇下脚料等农村生活垃圾，促进发酵物快速除臭、迅速升温，恒控温度达15天左右，彻底杀灭病毒、病菌、虫卵、杂草种子，实现无害化处理。经过生物发酵后，可浓缩制成商品液体有机肥料，制成的肥料用于生产，能有效遏制土壤病虫害发生，减少农药用量，适合有机蔬菜、水果生产和工厂育苗等农业生产。

新建、改建、扩建的畜禽养殖场应采取干法清粪工艺，采取有效措施将粪及时、单独清出，不可与尿、污水混合排出，并将产生的粪渣及时运至贮存或处理场所，实现日产日清。采用水冲粪、水泡粪等湿法清粪工艺的养殖场，要逐步改为干法清粪工艺。

## 三、畜禽养殖粪污处理的基本原则

### （一）规模化畜禽养殖场粪污处理应遵循的原则

1.实行“减量化、无害化、资源化、生态化”的处理原则。

2.环保工程建设应用先进的工艺流程和技术路线，高产出、低成本运行，生产有机复合肥，以达到转化增值的目的。

4.坚持有机废弃物处理液态成分达标排放，使之符合环保的要求。

5.实现种植—养殖—加工—利用相结合，大力发展循环经济。

### （二）畜禽粪污的特点及对环境的影响

1.畜禽养殖污染指在畜禽养殖过程中，养殖场排放的废渣，清洗畜禽体和饲养场地、器具产生的污水及恶臭等对环境造成的危害和破坏。

2.集约化畜禽养殖场是指在较小的场地内生产经营的畜禽养殖场，投入较多的生产资料，采用新的工艺和高密度养殖技术措施，进行精心管理的生产方式。

3.集约化畜禽养殖区指距居民区有一定距离，经过行政区划确定的由多个畜禽养殖个体组成的较为集中的地区。

4.畜禽养殖废渣指养殖场外排的畜禽粪便、垫料、废饲料及散落的毛羽等固体废弃物。

5.畜禽养殖废水主要指畜禽养殖过程中冲洗粪便的废水、各类畜禽尿液排泄物及其他生产过程中产生的废水。

6.恶臭物质指刺激嗅觉器官、引起人们不愉快及损害生活环境的气体物质。

## 四、畜禽粪便的贮存

畜禽养殖场产生的畜禽粪便应设置专门的贮存设施，其恶臭及污染物排放应符合《畜禽养殖业污染物排放标准》。贮存设施的位置必须远离各类功能地表水体（距离不得小于400米），并应设在养殖场生产及生活管理区的常年主导风向的下风向或侧风向处。贮存设施应采取有效的防渗处理工艺，防止畜禽粪便污染地下水。对于种养结合养殖场的畜禽粪便，贮存设施的总容积不得低于当地农林作物生产用肥的最大间隔时间内本养殖场所产生粪便的总量。贮存设施应采取设置顶盖等措施防止降雨（水）进入。

## 五、污水的无害化处理

畜禽养殖过程中产生的污水应坚持种养结合的原则，经无害化处理后尽量充分还田，实现污水资源化利用。畜禽污水经治理后向环境中排放，应符合《畜禽养殖业污染物排放标准》的规定。污水作为灌溉用水排入农田前，必须采取有效措施进行净化处理，并须符合《农田灌溉水质标准》（GB 5084—2021）的要求。在畜禽养殖场与还田利用的农田之间应建立有效的污水输送网络，通过车载或管道形式将处理（置）后的污水输送至农田，要加强管理，严格控制污水输送沿途的弃、撒和跑、冒、滴、漏。畜禽养殖场污水排入农田前必须进行预处理，如采用格栅、厌氧、沉淀等工艺流程，并应配套设置田间储存池，以解决农田在非施肥期间的污水出路问题，田间贮存池的总容积不得低于当地农林作物生产用肥的最大间隔时间内畜禽养殖场排放污水的总量。对没有充足土地消纳污水的畜禽养殖场，可根据当地实际情况选择合适的综合利用措施。污水的净化处理应根据养殖种类、养殖规模、清粪方式和当地的自然地理条件，选择合理、适用的污水净化处理工艺和技术路线，尽可能采用自然生物处理的方法，达到回用标准或排放标准。污水的消毒处理提倡采用非氯化的消毒措施，要注意防止产生二次污染物。

## 六、循环模式

按照农牧结合、循化发展的理念，以临夏州畜牧产业发展为案例，有以下几种循环发展模式：

1.集中堆肥发酵种养循环利用方式

这种方式是临夏州粪污处理的主要利用方式。全州现有各类规模养殖场（小区）、规模养殖户都设有固定的堆粪场和集尿池，经过发酵腐熟后用于种植业。

2.生产有机肥利用模式

这种方式主要在大型蛋鸡场和部分肉牛场中利用。以八坊牧业科技公司、永靖县盛邦养鸡场为例，建设有机肥加工厂、发酵车间、晾晒场，将畜禽粪便进行固液分离，以鸡粪、羊粪、玉米秸秆为原料，以磷矿粉、发酵菌剂、玉米面粉为辅料，采用“全封闭高温槽式发酵”生产技术，配以高效复合生物发酵菌剂，采用科学配方，使畜禽粪便、秸秆等物料从低温到高温快速腐熟，达到连续快速发酵生产活性有机肥。

3.粪污沼气能源利用沼渣还田模式

粪污经发酵池产生的沼气，通过脱水和脱硫净化处理后，进入贮气柜贮存，贮气柜中的沼气经阻火器大部分用于沼气供暖，满足养殖场生产和生活用能，沼液进行固液分离，固体部分生产有机肥销售，液体部分就近还田利用。

4.沼气发电利用模式

通过固液分离后厌氧发酵沼液沼渣还田模式处理粪污，粪污通过地下管道收集到沼气发酵池，发酵后产生的沼气用于发电，沼液沼渣经过固液分离后施入周边蔬菜大棚。经过厌氧发酵池的无害化处理既杀灭了病菌又得到了优质的有机肥料，实现了养殖场粪污的零排放。

现代肉羊生产技术

# 附 件

## 相关技术规范

# 一、绵羊人工授精技术规范

随着绵羊的饲养方式由传统的放牧式向规模圈养式的转变，向经济效益型方向的发展，对绵羊的要求也越来越高。绵羊人工授精是品种改良中一项技术性很强的工作，配种前准备工作做得充分与否、技术娴熟与否、操作是否正确决定着品种改良工作的成败。通过充分利用优质的种公羊，扩大交配母羊数，可提高受胎率，增加养殖经济效益，进一步推动畜牧业发展。

## 1.配种前准备工作

1.1选种公羊

种公羊的选择要按照育种和生产性能需要，选体质结实、生殖器官发育良好、精液品质良好的种公羊。

1.2配种前设施准备

配种前设施准备主要包括采精室、验精室、输精室，这三室缺一不可。应保持温暖、干燥和阳光充足，室温要保持在18~25摄氏度，室内清洁，地面最好是砖地和水泥地，横杠式输精架距离地面高度约50厘米。人工授精站所有的房屋应在输、配精开始前10天左右用石灰粉刷消毒，室内应避免各种药物的气味、酒味、异味、煤气味等。

1.3人工授精器械的准备及消毒

人工授精所需的各种器械、药品要在配种前准备齐全、充足，采精、输精及与精液接触的一切器械要求清洁、干燥、消毒，并存放于清洁的柜内。各种药品及配制的溶液必须有标签。

器械清洗和消毒。在人工授精前，凡是与采精、输精和精液接触的一切器械要彻底清洗，除去残留物，充分消毒后放在瓷盘内，用纱布盖好，待用。

1.4 常用溶液及酒精棉球的制备

1.4.1 70% 酒精。在 74 毫升 95% 酒精中加入 26 毫升蒸馏水即可。

1.4.2 酒精棉球与生理盐水棉球。将棉球做成 2~4 厘米大小，放在广口玻璃瓶中，加入适量的 70% 酒精或生理盐水即可。所有的酒精棉球瓶须带盖，随用随开。

1.5 母羊群的准备

凡确定参加人工授精的母羊，应单独组群，认真做好饲养管理。发情母羊常表现出兴奋不安（频频走动和发出叫声）、食欲减退、外阴黏膜充血肿胀等。试情公羊每日早晚各 1 次放入母羊群中试情。

## 2. 精液的采精

2.1 采精前

首先，选择出健康的发情母羊。外阴部洗净、擦干、消毒，以防采精时损伤公羊阴茎。其次，做好假阴道的准备，具体操作步骤：一是洗刷内胎，检查是否漏水；二是安装、消毒与冲洗假阴道（临用前配制的稀释液冲洗）；三是灌温水；四是涂稀释液；五是吹入空气；六是检查与调节内胎温度，并调节内胎压力。假阴道冲洗与消毒后，用漏斗从灌水孔注入 50~55 摄氏度温开水 150~180 毫升，然后塞上带有气嘴的塞子，夹层中吹入适量空气，增加弹性，调整压力，关闭气嘴活塞，灌水量为外壳与内胎之间容积的 1/3~1/2。用消毒过的温度计插入假阴道内胎检查温度，当内胎温度合适时，吹气加压，调节内胎压力，即可用于采精。

2.2采精时

采精员蹲在母羊右侧后方，右手将假阴道横拿，活塞向下，使假阴道与地面呈35~40度。当公羊爬跨母羊伸出阴茎时（注意勿使假阴道或手碰到龟头），细心而迅速地用左手将阴茎导入假阴道中。射精后，即将假阴道竖起，使集精瓶的一端向下，放出空气，谨慎地将集精瓶取下，并盖上盖子，送精液到处理室检查。集精瓶以及有精液的器皿必须避免阳光照射，温度要保持在18摄氏度。

2.3精液品质的检查

精液品质的检查是保证受精效果的一项重要措施，主要检查项目：(1) 射精量。一般在0.8~1.2毫升。(2) 正常精液为乳白色，云雾状明显。凡带有腐败臭味，颜色为红色、褐色、绿色的精液不能用于输精。(3) 精液品质检查须用200~600倍显微镜。(4) 检查所采集的精液品质应在18~25摄氏度室温下进行。检查时用清洁输精器取精液1滴，放在玻璃片中央，盖上盖玻片，勿使发生气泡。对精子活力检查，可将1滴精液先用1滴生理盐水稀释，再进行检查，检查经过保存的精液的精子活力时，须将精液温度逐渐升高，并放在38~40摄氏度下进行。(5) 公羊的精液需与采精后与稀释后各检查1次，当精子活力为0.7~0.8，即可用于输精。(6) 为了合理稀释精液，在配种前用计数器测定精子密度。

## 3.精液的稀释

3.1精液稀释液的配制

3.1.1各种成分的准备

蒸馏水要纯净新鲜，卵黄要取自新鲜鸡蛋。先将鸡蛋洗净，再用75%酒精消毒蛋壳，待酒精挥发后才可破壳，并缓慢倒出蛋清，用注射器刺破卵黄膜吸取卵黄（不应混入卵白和卵黄膜）。抗菌素为青霉素（钾盐），必须在稀释液冷却后加入。

3.1.2 稀释液的配制

柠檬酸钠1.4克、葡萄糖3克加消毒蒸馏水至100毫升。充分溶解后，过滤至另一容器中，煮沸消毒10~15分钟。取上述溶液80毫升，待冷却后加入新鲜卵黄20毫升，青霉素、链霉素各10万个单位。贴上标签，备用。稀释液基质统一称量，分装于消毒过的小青霉素空瓶中，分别标上“柠—葡液配100毫升”或“柠—葡液配50毫升”。

3.1.3 注意事项

配制稀释液和分装保存精液的一切物品、用具都必须严格消毒。使用前先用少量稀释液冲洗1~2次。稀释液必须新鲜，现用现配。若冰箱保存，可存放2~3天，但卵黄抗菌素等成分必须在临用前添加。

3.2 精液的稀释及处理

3.2.1. 采精后应尽快将新鲜精液进行稀释，于稀释后检查精液品质。

3.2.2. 稀释倍数依各配种站情况而定，一般稀释1~4倍。稀释时，精液与稀释液的温度必须调整一致。稀释液要沿壁缓缓加入，轻轻摇匀。

3.2.3. 精液经稀释后，应尽快输精。若输精时间长，应考虑稀释精液的保温，防止低温打击及冷休克。

## 4. 精液的保存与运输

4.1 保存与运送精液可用手提式广口保温瓶。

4.2 精液瓶、瓶塞及所需其他精液接触器皿均需洗净并消毒。

4.3 精液作适度稀释后分装于精液瓶中，尽可能将瓶中装满，以减轻震荡对精液的影响。瓶口用瓶塞塞紧，并在瓶口周围包一层塑料薄膜。

4.4 在广口保温瓶的底部放上数层纱布，然后放入一定数量的水，再将精液瓶放在纱布上，周围衬些纱布用于固定，最后盖上广口保温瓶瓶盖，即可进行保存与运输。

4.5 在精液运输与保存过程中，须使精液保持一定温度，并尽量避免震动，尽量缩短运输时间。

4.6 经过保存与运输的精液在输精前必须检查精子活力，如活力达不到要求，不能用于输精。检查时将其温度逐渐升温，然后评定精液品质。

## 5. 试情

首先，按 1：（35~40）比例放入试情公羊。试情公羊必须佩戴试情布，每日早晚各 1 次，定时放入母羊群中。发现发情母羊及时抓出参加人工授精。

## 6. 输精

为了提高输精质量，在输精过程中应做到以下几点：

6.1 种公羊及母羊在配种前应有充分准备，及时采精，及时输精。

6.2 所用精液必须品质良好。

6.3 精液应正确输入母羊子宫颈内。

6.4 严格遵守器械消毒规定，避免母羊生殖器官疾病的传染。

6.5 输精室温度保持在 18~25 摄氏度。

6.6 适时输精时间：上午发情的母羊当天下午配种，下午发情的母羊次日早晨配种。在1个发情期内配种2次为宜。

6.7 输精器吸入精液后，应将输精管内空气排出。

6.8 输精前，应将母羊外阴擦净，检查阴道内确无疾病，确定发情方可输精。

6.9 慢慢地转动开膣器寻找子宫颈，输精器插入子宫颈内0.5~1厘米，用大拇指轻压活塞，注入定量精液，输精量为0.05~0.2毫升，将精液注入后，即可取出输精器。

人工授精工作完毕，按规定及时清洗、消毒人工授精器械。做好种公羊采精记录、精液品质检查记录和母羊配种记录，要记载准确清晰，记录要细致认真。

# 二、绵羊腹腔镜人工输精技术规范

## 1.范围

本规程规定了绵羊腹腔镜输精操作的相关技术要求（母羊配种前的饲养管理、种公羊的饲养管理、精液的稀释、母羊的发情鉴定、同期发情处理、腹腔镜输精操作规程及要点、记录、定胎）。

本规范适用于甘肃省范围内羊腹腔镜输精的操作技术。

下列文件对于本文件的应用是必不可少的。凡是注日期的引用文件，仅注日期的版本适用于本文件。凡是不注日期的引用文件，其最新版本（包括所有的修改单）适用于本文件。

GB 4404.2　粮食作物种子（二）

NY 5078　无公害食品　豆类蔬菜

NY 5010　无公害食品　蔬菜产地环境条件

GB/T 8321　农药合理使用准则

## 2.术语和定义

下列术语和定义适用于本标准。

2.1 羊精液稀释

温精稀释时，根据采精量、精子密度、精子活力采用生理盐水稀释或葡萄糖稀释液稀释4倍或6倍左右，使每毫升有效精子数不少于7亿个，输精0.2毫升。采用冻精配种时，直接用成品冷冻精液解冻输精。

2.2腹腔镜输精技术

借助腹腔镜观察，利用特制的输精枪，将优质种公羊的冷冻精液输送到发情母羊的两侧子宫角，使其受孕的技术。

2.3同步发情技术

利用激素制剂人为的控制并调整一群母羊发情周期的进程，使之在预定时间内集中发情。

### 3.母羊配种前的饲养管理

空怀期是指母羊体成熟至妊娠或产羔断奶到下一次妊娠之间的间隔时间。该阶段的营养状况对母羊的发情、配种、受胎及胎儿发育都有影响，为提高繁殖母羊受胎率，羊群空怀期的饲养管理应保持较高的营养水平。

母羊产羔时间不一致，导致空怀期长短不一致，饲养管理中应按产羔时间对母羊进行分群管理。维持母羊的中等膘情，为配种做好准备，在营养方面从群体的角度出发，合理调整母羊的营养状况和日粮。及时淘汰老龄母羊、生长发育差及哺乳性能不好的母羊。对膘情不好的母羊进行短期优饲，提高饲料能量水平。

### 4.种公羊的饲养管理

4.1种公羊的选择

系谱齐全，符合品种特征，没有传染病（布病，结核等），体质结实，不肥不瘦，精力充沛，性欲旺盛，精液品质好。

4.2种公羊的检查

睾丸的大小和质地（弹性），睾丸没有损伤及畸形；容易触摸到附睾尾（大小、弹性、硬度）；在阴囊颈部易触摸到实质较硬且有弹性的输精管；检查包皮、阴茎、尿道突是否正常。

配种之前检查公羊的采精量和精液质量。种公羊精液的量和品质，取决于日粮的全价性和饲养管理的科学性及合理性。补饲日粮应富含蛋白质、维生素和矿物质，具有品质优良、易消化、适口性好等特性。在管理上，可采用单独组群饲养，并保证有足够的运动量。

4.3公羊的采精训练

种公羊的采精采用假阴道采精，采精前2~3周进行训练。其他公羊采精时，让未采过精的公羊在旁边“观摩”，以诱导其性欲。将发情母羊阴道分泌物或尿液涂在台羊后驱上诱导其爬跨。按摩公羊睾丸，早晚各1次，每次15~20分钟。

## 5.精液的稀释

5.1精液的采集

将台羊固定在固定架上，采精员蹲在台羊右侧后方，右手握假阴道，气卡塞向下，靠在台羊臀部，假阴道和地面约呈45度角。当官员爬跨、伸出阴茎时，迅速向前用左手托着公羊包皮，右手持假阴道与台羊成40~45度角，假阴道入口斜向下方，左右手配合将公羊阴茎自然的引入假阴道口内（切勿用手捉拿阴茎），公羊射精动作很快，发现抬头、挺腰、前冲，表示射精完毕。随着公羊从台羊身上滑下时，缓慢地把假阴道脱出，并立即将假阴道入口斜向上方，打开活塞放气，使精液尽快、充分地流入集精管内，然后小心地取下集精管并记录公羊号，放于30摄氏度恒温水槽待检。

5.2精液的感官检查

正常羊精液为乳白色，无味或略带腥味。凡带有腐败臭味，出现红色、褐色、绿色的精液均废弃。

5.3精液量测定

精液的量可以用量具测量。在用假阴道采精条件下公羊平均采精量为大概1毫升，但取决于公羊年龄、营养情况、采精频率及采精员操作手法。青年及瘦弱公羊采精量相对较少。

5.4活力检测

将待检精液用等温A液与精液体积1∶1稀释，并用移液器在中部取10微升精液放入载玻片上进行精子活力检测，在200~400倍的显微镜下观察活力。至少观察3个视野。电脑记录精液活力，鲜精活力要求≥0.6（≥60%），否则将精液废弃处理。

5.5密度检测

取样时将移液器的移液头深入到集精管内精液的中间吸取活力合格的35微升，用无尘纸擦去枪头表面多余的精液，置于盛有生理盐水的比色皿中（反复吸取2~3次），充分摇匀，放入分光密度仪检测密度，读取检测数值。

5.6精液稀释

依据精液量、精子活力、密度，计算出所要添加的稀释液量，采用生理盐水或葡萄糖稀释液进行稀释。

5.6.1生理盐水稀释液

用生理盐水将精液稀释4倍或6倍左右，使每毫升有效精子数不少于7亿个，输精0.2毫升。

5.6.2葡萄糖稀释液

用葡萄糖将精液稀释4倍或6倍左右，使每毫升有效精子数不少于7亿个，输精0.2毫升。

## 6. 母羊的发情鉴定

6.1 外部观察

观察母羊的外部表现和精神状态，如食欲减退、鸣叫不安、外阴部潮红而肿胀、频繁排尿、活动量增加、阴道流出黏液。发情开始：透明黏稠带状；发情中期：白色；发情末期：浑浊、不透明、黏胶状。输精时间应在中期或后半期。

6.2 阴道检查法

通过用开膣器检查阴道黏膜颜色、润滑度、子宫颈颜色、肿胀情况、开张大小以及黏液量、颜色、黏稠度等来判断母羊的发情程度，此法不能精确判断发情程度，但可作为母羊发情鉴定的参考。

6.3 试情法

母羊采用试情法来鉴定发情母羊。用公羊来试情，根据母羊对公羊的反应判断发情是较常用的方法。此法简单易行，表现明显，易于掌握。在大群羊中多用试情方法定期进行鉴定，以便及时发现发情母羊。

通过试情公羊及时发现发情母羊进行适时输精，是提高羊人工授精受胎率的重要措施。具体做法：在配种期内每日定时将试情公羊（结扎或带上试情布的公羊）放入母羊群中让公羊自由接触母羊，若母羊已发情，当公羊靠近时表现温顺、摇尾、愿意接受公羊的爬跨，将发情母羊另置于一圈内进行配种。

## 7. 同期发情处理

7.1 前列腺素（PG）+孕马血清（PMSG）法

对要适配母羊统一采用PG同期处理，每只母羊肌注1毫升

PG，第9天再次肌注1毫升PG，同时注射PMSG200单位，次日使用试情公羊试情，对发情母羊进行空腹处理，发情后24~27小时进行腹腔镜输精。

7.2CIDR法

对要输精的母羊统一埋栓，埋栓日为第0天（每次放置CIDR时需要对埋栓器进行清洗），第12天撤栓同时肌注PMSG300单位，第13天母羊进行空腹处理，第14天对所有处理羊只进行腹腔镜输精。

### 8.腹腔镜输精操作规程及要点

8.1输精室的要求

房间不宜过大，40平方米足够，室温保持18~25摄氏度，要求光线充足，地面坚实，空气新鲜，避免屋顶等处灰尘洒落，保持清洁，减少粪尿的污染。

8.2仪器设备

显微镜1台，腹腔镜1套，子宫内输精枪1套，腹腔镜保定架2台，液氮罐（冻精），恒温水浴锅等。

8.3输精时间

排卵时间和开始发情的时间有关系，母羊在发情开始后25~30小时正常排卵，排卵发生在发情后期。但有些发情持续时间短的母羊，排卵稍早。准确确定排卵时间对成功受精很重要。由于排出的卵子存活的时间很短，技术人员必须在排卵时让精子到达输卵管从而受精。在母羊发情后24~27小时进行腹腔镜输精。

8.4母羊输精前处理

手术器械在新洁尔灭液或75%酒精中浸泡消毒，将待输精母羊保定在腹腔镜保定架上。手术部位剪毛、剃毛，用消毒液擦洗消毒，将手术台抬起使母羊头部朝下。

8.5麻醉与解麻

输精前5分钟，在后肢大腿内侧肌肉注射麻醉药进行麻醉，依据养只的体重确定注射剂量，术后需要解麻的注射同等剂量的解麻药。

8.6精液准备

温精输配时在腹腔镜输精枪内吸入稀释后的精液0.2毫升。冷冻精液在37摄氏度恒温水浴锅中解冻30秒后用灭菌纸巾擦干细管，装入羊腹腔镜输精枪中待用。

8.7腹腔镜输精

腹腔镜的套管穿刺针最佳部位在输精母羊腹部乳房下10~14厘米处，刺入位置偏上易刺穿膀胱，刺入位置偏下易刺穿瘤胃。在腹中线两侧分别使用直径为0.7厘米和0.5厘米套管穿刺针刺入。

用手向腹中线方向提起术部皮肤，另一只手的拇指和食指尽可能靠近穿刺针的前端，呈握拳状顶到母羊的术部皮肤上用刀刺入，当感觉套管针前端刺入母羊皮肤后，将穿刺针撤出，继续用套管向腹腔钝性穿透腹膜。通过气筒调节阀或套管阀对腹腔适度充气，以便对腹腔的观察。

8.8输精母羊子宫角观察

当两侧套管均插入腹腔后，通过0.7厘米直径的套管插入腹腔镜，对侧通过0.5厘米直径的套管插入输精枪，借助腹腔镜和输精枪找到子宫。

8.9输精部位及方式

双手配合使子宫角输精部位呈现在腹腔镜视野内，将输精枪靠近子宫角大弯处，用输精枪外套管内的前端细针以点式快速刺入子宫角内，输入精液，然后在对侧子宫角以同样方式进行输精，输精量为每只羊输入1支冻精，两侧子宫角各输一半。温精输配两侧子宫角也各输一半。

在输精枪刺入子宫角后输入精液，并随时通过腹腔镜探头观察在子宫角外侧是否有白色或乳白色的突起及输入精液是否顺畅。如有突起或精液输入不畅，说明针尖扎入子宫角内膜肌层内，应拔出输精枪针尖，重新选择位置再次刺入子宫角输入精液。

每次输精结束后从腹腔内取出所有的仪器浸泡在消毒液中待用，在术部涂抹碘酊，同时肌肉注射抗生素。

母羊输精消毒后，保证母羊在羊圈中至少停留2~3小时，并进行跟踪观察，输精后2小时第1次采食要控制饲喂量，为正常的1/3，不宜采食过多，以防腹腔内大网膜从创口处鼓出。

9.记录

术后做好各项记录，记录要及时、完整、准确、清楚，并按时汇总、归档和上报。

10.孕检

配种1个月后可采用B超进行孕检，也可在1个情期后放入试情公羊进行孕检，做好孕检记录。

# 三、绵羊胚胎移植技术规范

## 1.供体超数排卵

1.1 供体羊的选择

供体羊应符合品种标准，具有较高生产性能和遗传育种价值，年龄一般为2.5~7岁，青年羊为18月龄。体格健壮，无遗传性及传染性疾病，繁殖机能正常，经产羊没有空怀史。

1.2 供体羊的饲养管理

好的营养状况是保持供体羊正常繁殖机能的必要条件。应在优质牧草场放牧，补充高蛋白饲料、维生素和矿物质，并供给盐和清洁的饮水，做到合理饲养，精心管理。

供体羊在采卵前后应保证良好的饲养条件，不得任意变化草料和管理程序。在配种季节前开始补饲，保持中等以上膘情。

1.3 超数排卵处理

绵羊胚胎移植的超数排卵，应在每年绵羊最佳繁殖季节进行。供体羊超数排卵开始处理的时间，应在自然发情或诱导发情的情期第12~13天进行。山羊可在第17天开始。

1.4 超数排卵处理技术方案

1.4.1 促卵泡素（FSH）减量处理法

1.4.1.1 60毫克孕酮海绵栓埋植12天，于埋栓的同时肌内注射复合孕酮制剂1毫升。

1.4.1.2 于埋栓的第10天肌内注射FSH，总剂量300毫克，按以下时间、剂量安排进行处理：第10天，早75毫克，晚75毫克；第11天，早50毫克，晚50毫克；第12天，早25毫克，晚25毫克。用生理盐水稀释，每次注射溶剂量2毫升，每次间隔12小时。

1.4.1.3 撤栓后放入公羊试情，发情配种。

1.4.1.4 用精子获能稀释液按1∶1稀释精液。

1.4.1.5 配种时静脉注射HCG1000单位，或H150单位。

1.4.1.6 配种后3天胚胎移植。

1.4.2 FSH-PMSG处理法

1.4.2.1 60毫克孕酮海绵栓阴道埋植12天，埋植的同时肌内注射复合孕酮制剂1毫升。

1.4.2.2 于埋植的第10天肌内注射FSH，时间、剂量如下：第10天，早50毫克，晚50毫克，同时肌内注射PMSG 500单位；第11天，早30毫克，晚30毫克；第12天，早20毫克，晚20毫克。

1.4.2.3 撤栓后试情，发情配种，同时静脉注射HCG1000单位。

1.4.2.4 精液处理同上。

1.4.2.5 配种后3天采胚移植。

1.5 发情鉴定和人工授精

FSH注射完毕，随即每天早晚用试情公羊（带试情布或结扎输精管）进行试情。发情供体羊每天上午、下午各配种1次，直至发情结束。

### 2. 采卵

2.1 采卵时间

以发情日为0天，在6~7.5天或2~3天用手术法分别从子宫和输卵管回收卵。

2.2 供体羊准备

供体羊手术前应停食24~48小时，可供给适量饮水。

2.2.1 供体羊的保定和麻醉羊仰卧在手术保定上，四肢固定。

肌内注射2%静松灵0.2~0.5毫升，局部用0.5%盐酸普鲁卡因麻醉，或用2%普鲁卡因2~3毫升，或注射多卡因2毫升，在第一、第二尾椎间作硬膜外鞘麻醉。

2.2.2 手术部位及其消毒手术部位一般选择乳房前腹中线部（在两条乳静脉之间）或四肢股内侧鼠蹊部。用电剪或毛剪在术部剪毛，应剪净毛茬，分别用清水消毒液清洗局部，然后涂以2%~4%的碘酒，待干后再用70%~75%的酒精棉脱碘。先盖大创布，再将灭菌巾盖于手术部门，使预定的切口暴露在创巾开口的中部。

2.3 术者准备

术者应将指甲剪短，并锉光滑，用指刷、肥皂清洗，特别是要刷洗指缝，再进行消毒。手术者需穿清洁手术服、戴工作帽和口罩。

在两个盆内各盛温热的煮沸过的水3000~4000毫升，加入氨水5~7毫升，配成0.5%的氨水，术者将手指尖到肘部先后在2盆氨水中各浸泡2分钟，洗后用消毒毛巾或纱布擦干，按手向肘的顺序擦。然后再将手臂置于0.1%的新洁尔灭溶液中浸泡5分钟，或用70%~75%酒精棉球擦拭2次。双手消毒后，要保持拱手姿势，避免与未消毒过的物品接触，一旦接触，即应重新消毒。

2.4 手术的基本要求

手术操作要求细心、谨慎、熟练；否则，直接影响冲卵效果和创口愈合及供体羊繁殖机能的恢复。

2.4.1 组织分离。切口常用直线形，作切口时注意以下6点：避开较大血管和神经；切口边缘与切面整齐；切口方向与组织走向尽量一致；依组织层次分层切开；便于暴露子宫和卵巢，切口长约5厘米；避开第1次手术瘢痕。

2.4.1.1 切开皮肤。用左手的食指和拇指在预定切口的两侧将皮肤撑紧固定，右手用餐刀式执刀，由预定切口起点至终点一次切开，使切口深度一致，边缘平直。

2.4.1.2 切皮下组织。皮下组织用执笔式执刀法切开，也可先切一小口，再用外科前刀前开切开肌肉。用钝性分离法：按肌肉纤维方向用刀柄或止血钳刺开一小切口，然后将刀柄末端或用手指伸入切口，沿纤维方向整齐分离开，避免损伤肌肉的血管和神经。

2.4.1.3 切开腹膜。切开腹膜应避免损伤腹内脏器，先用镊子提起腹膜，在提起部位作一切口，然后用另一只手的手指伸入腹膜，引导刀（向外切口）或用外科剪将腹膜剪开。

术者将食指及中指由切口伸入腹腔，在与骨盆腔交界的前后位置触摸子宫角，摸到后用二指夹持，牵引至创口表面，循一侧子宫角至该输卵管，在输卵管末端拐弯处找到该侧卵巢。不可用力牵拉卵巢，不能直接用手捏卵巢，更不能触摸排卵点和充血的卵泡。

观察卵巢表面排卵点和卵泡发育，详细记录。如果排卵点少于3个，可不冲洗。

2.4.2 止血

2.4.2.1 毛细管止血。手术中出血应及时、妥善地止血。对常见的毛细管出血或渗血，用纱布敷料轻压出血处即可，不可用纱布擦拭出血处。

2.4.2.2 小血管止血。用止血钳止血，首先要看准出血所在位置，钳夹要保持足够的时间。若将止血钳沿血管纵轴扭转数周，止血效果更好。

2.4.2.3 较大血管止血除用止血钳夹住暂时止血外，必要时还需用缝合针结扎止血。结扎打结分为徒手打结和器械打结2种。

2.4.3 缝合

2.4.3.1 缝合的基本要求。缝合前创口必须彻底止血，用加抗生素的灭菌生理盐水冲洗，清除手术过程中形成的血凝块等；按组织层次结扎松紧适当；对合严密、创缘不内卷、外翻；缝线结扎松紧适当；针间距要均匀，所以结要打在同一侧。

2.4.3.2 缝合方法。缝合方法大致分为间断缝合和连续缝合2种。间断缝合是用于张力较大、渗出物较多的伤口。在创口每隔1厘米缝1针，针针打结。这种缝合常用于肌肉和皮肤的缝合。连续缝合是只在缝线的头尾打结。螺旋缝合是最间断的一种连续缝合，适于子宫、腹膜和翻膜的缝合；锁扣缝合，如同做衣服锁扣压扣眼的方法可用于直线形的肌肉和皮肤缝合。

2.5 采卵方法

2.5.1 输卵管法。供体羊发情后2~3天采卵，用输卵管法。将冲卵管一端由输卵管伞部的喇叭口插入2~3厘米深（打活结或用钝圆的夹子固定），另一端接集卵皿。用注射器吸取37摄氏度的冲卵液5~10毫升，在子宫角靠近输卵管的部位，将针头朝输卵管方向扎人，一人操作，一只手的手指在针头后方捏紧子宫角，另一只手推注射器，冲卵液由宫管结合部流入输卵管，经输卵管流至集卵皿。

输卵管法的优点是卵的回收率高，冲卵液用量少，检卵省时间。缺点是容易造成输卵管特别是伞部的粘连。

2.5.2 子宫法。供体羊发情后6~7.5天采卵。这种方法，术者将子宫暴露于创口表面后，用套有胶管的肠钳夹在子宫角分叉处，注射器吸入预热的冲卵液20~30毫升（一侧用液50~60毫升），冲卵针头（钝形）从子宫角尖端插入，当确认针头在管腔内进退通畅时，将硅胶管连接于注射器上，推注冲卵液，当子宫角膨胀时，将回收冲卵针头从肠钳钳夹基部的上方迅速扎入，冲卵液经硅胶管收集于烧杯内，最后用两手拇指和食指将子宫角捋一遍。另一侧子宫角用同一方法冲洗。进针时避免损失血管，推注冲卵液时力量和速度应适中。

子宫法对输卵管损失甚微，尤其不涉及伞部，但卵回收率较输卵管法低，用液较多，捡卵较费时。

2.5.3 冲卵管法。用手术法取出子宫，在子宫扎孔，将冲卵管插入，使气球在子宫角分叉处，冲卵管尖端靠近子宫角尖端，用注射器注入气体8~10毫升，然后进行灌流，分次冲洗子宫角。

每次灌注10~20毫升，一侧用液50~60毫升，冲完后气球放气，冲卵管插入另一侧，用同样方法冲卵。

采卵完毕后，用37摄氏度灭菌生理盐水湿润母羊子宫，冲去凝血块，再涂少许灭菌液体石蜡，将器官复位。腹膜、肌肉缝合后，撒一些磺胺粉等消炎防腐药。皮肤缝合后，在伤口周围涂碘酊，再用酒精作最后消毒。供体羊肌内注射青霉素80万单位和链霉素100万单位。

## 3. 检卵

3.1 检卵操作

要求检卵者应熟悉体视显微镜的结构，做到熟练使用。找卵的顺序应由低倍到高倍，一般在10倍左右已能发现卵子。对胚胎鉴定分级时再转向高倍（或加上大物镜）。改变放大率时，需再次调整焦距至看清物象为止。

3.2 找卵要点

根据卵子的密度、大小、形态和透明带折光性等特点找卵。

3.2.1 卵子的密度比冲卵液大，因此一般位于集卵皿的底部。

3.2.2 羊的卵子直径为150~200微米，肉眼观察只有针尖大小。

3.2.3 卵子是一球形体，在镜下呈圆形，其外层是透明带，它在冲卵液内的折光性比其他不规则组织碎片折光性强，色调为灰色。

3.2.4 当疑似卵子时晃动表面皿，卵子滚动，用玻璃针拨动，针尖尚未触及卵子即已移动。

3.2.5 镜检找到的卵子数，应和卵巢上排卵点的数量大致相当。

3.3 检卵前的准备

3.3.1 待检的卵应保存在37摄氏度条件下，尽量减少体外环境、温度、灰尘等因素的不良影响。检卵时将集卵杯倾斜，轻轻倒弃上层液，留杯底约10毫升冲卵液，再用少量PBS冲洗集卵杯，倒入表面皿镜检。

3.3.2 在酒精灯上拉制内径为300~400微米的玻璃吸管和玻璃针。将10%或20%羊血清PBS保存液用0.22微米过滤器过滤到培养皿内。每个冲卵供体羊需备3~4个培养皿，写好编号，放入培养箱待用。

3.3.4 检卵方法及要求

用玻璃吸管清除卵外围的黏液、杂质。将胚胎吸至第1个培养皿内，吸管先吸入少许PBS，再吸入卵。在培养皿的不同位置冲洗卵3~5次。依次在第2个培养皿内重复冲洗，然后把全部卵移至另一个培养皿。每换一个培养皿时应换新的玻璃吸管，一个供体的卵放在同一个皿内。操作室温为20~25摄氏度，检卵及胚胎鉴定需两人进行。

## 4.胚胎的鉴定与分级

4.1 胚胎的鉴定

4.1.1 在20~40倍体视显微镜下观察受精卵的形态、色调、分裂球的大小、均匀度、细胞的密度与透明带的间隙以及变性情况等。

4.1.2 凡卵子的卵黄未形成分裂球及细胞团的，均为未受精卵。

4.1.3 胚胎的发育阶段。发情（授精）后2~3天用输卵管法回收的卵，发育阶段为2~8细胞期，可清楚地观察到卵裂球，卵黄腔间隙较大。

4.1.3.1 桑葚胚。发情后第5~6天回收的卵，只能观察到球细胞团，分不清分裂球，细胞团占据卵黄腔的大部分。

4.1.3.2 紧实桑葚胚。发情后第6天占卵黄腔的60%~70%。

4.1.3.3 早期囊胚：发情后第7~8天回收的卵，细胞团的一部分出现发亮的胚胞腔。

4.1.3.4 胚泡。发情后第7~9天回收的卵，内限清晰，胚胞腔明显，细胞充满卵黄腔。

4.1.3.5 扩张囊胚。发情后第8~10天回收的卵，囊腔明显扩大，体积增大到原来的1.2~1.5倍，与透明带之间无空隙，透明带变薄，相当于原先厚度的1/3。

4.1.3.6 孵化囊胚。一般在发情后第9~11天回收的卵，由于胚泡腔继续扩大，致使透明带破裂，卵细胞脱出。

凡在发情后第6~8天回收的16细胞以下非正常发育胚，不能用于移植或冷冻保存。

4.2 胚胎的分级

分为A、B、C三级。

A级：胚胎形态完整，轮廓清晰，呈球形，分裂球大小均匀。

B级：轮廓清晰，色调及细胞密度良好，可见到少量附着的细胞和液泡，变性细胞占10%~30%。

C级：轮廓不清晰，色调发暗，结构较松散，游离的细胞或液泡多，变性细胞达43%~50%。

胚胎的等级划分还应考虑到受精卵的发育程度。发情后第7天回收的受精卵在正常发育时应处于致密桑葚胚至囊胚阶段。凡在16细胞以下的受精卵及变性细胞超过一半的胚胎均属等外，其中部分胚胎仍有发育的能力，但受胎率很低。

## 5. 胚胎移植

5.1 受体羊的选择

受体羊应选择健康、无传染病、营养良好、无生殖疾病、发情周期正常的经产羊。

5.2 供体羊、受体羊的同期发情

5.2.1 自然发情。对受体羊群自然发情进行观察，与供体羊发情前后相差1天的羊，可作为受体羊。

5.2.2 诱导发情。绵羊诱导发情分为孕激素类和前列腺素类控制同期发情2类方法。孕酮海绵栓法是一种常用的方法。

海绵栓在灭菌生理盐水中浸泡后塞入阴道深处，至13~14天取出，在取海绵栓的前1天或当天，肌内注射PMSG 400单位，56小时前后受体羊可表现发情。

5.2.3 发情观察受体羊。发情观察早晚各1次，母羊接受爬跨确认为发情。受体羊与供体羊发情同期差控制在24小时内。

5.3 移植

5.3.1 移植液。0.03克牛血清白蛋白溶于10毫升PBS中，1毫升血清+9毫升磷酸缓冲盐溶液，以上2种移植液均含青霉素（100单位/毫升）、链霉素（100单位/毫升）。配好后用0.22微米细菌滤器过滤，置38摄氏度培养箱中备用。

5.3.2 受体羊的准备。受体羊术前需空腹12~24小时，仰卧或侧卧于手术保定架上，肌内注射0.3%~0.5%静松灵。手术部位及手术要求与供体羊相同。

5.3.3 简易手术法。对受体羊可采用简易手术法移植胚胎。术部消毒后，拉紧皮肤，在后肢鼠蹊部作1.5~2厘米切口，用一个手指伸进腹腔，摸到子宫角引导至切口外，确认排卵侧黄体发育状况，用钝形针头在黄体侧子宫角扎孔，将移植管顺子宫方向插入宫腔，推入胚胎，随即子宫复位。皮肤复位后即将腹壁切口覆盖，皮肤切口用碘酒、酒精消毒，一般不需缝合。若切口增大或覆盖不严密，应进行缝合。

受体羊术后在小圈内观察1~2天。圈舍应干燥、清洁，防止感染。

5.3.4 移植胚胎注意要点

5.3.4.1 观察受体卵巢，胚胎移至黄体侧子宫角，无黄体不移植。一般移2枚胚胎。

5.3.4.2 在子宫角扎孔时应避开血管，防止出血。

5.3.4.3 不可用力牵拉卵巢，不能触摸黄体。

5.3.4.4 胚胎发育阶段与移植部位相符。

5.3.4.5 对受体黄体发育按突出卵巢的直径分为优、中、差，即优0.6~1厘米、中0.5厘米、差小于0.5厘米。

5.4 受体羊饲养管理

受体羊术后1~2情期内，要注意观察返情情况。若返情，则应进行配种或移植；对没有返情的羊，应加强饲养管理。妊娠前期，应满足母羊对热量的摄取，防止胚胎因营养不良而导致早期死亡。在妊娠后期，应保证母羊营养的全面需要，尤其是对蛋白质的需要，以满足胎儿的充分发育。

## 四、肉羊标准化规模养殖场建设技术规范

### 1. 审查备案

1.1 饲养100只以上的养殖户新建标准化规模养殖场需向当地畜牧兽医站申请备案，经畜牧兽医站和乡镇政府加注意见后报县畜牧兽医局。

1.2 现场设计。申请经县局初审合格后，包片技术人员再到建场所在地审查场址选择是否合理，在合理的情况下对养殖场进行规范设计。

1.3 在备案养殖场现场条件审查时，各乡镇畜牧兽医站和包片技术人员要重点审查周边土地消纳粪便能力、附近已有养殖场数量及规模和粪便处理利用方式，合理布局和控制养殖场数量和出栏量。

1.4 养殖户新建羊场之前必须经过环保部门的环评审查备案。

### 2. 场址选择

2.1 建设用地应符合当地村镇发展规划和土地利用规划的要求。

2.2 选择地势高燥，背风向阳、排水良好、易于组织防疫的地方。

2.3 场区土地质量应符合GB 15618的规定。

2.4 场区水源充足，水质应符合NY 5027的规定。

2.5 场区周围3千米内无大型化工厂、采矿厂、皮革厂、肉品加工厂、屠宰厂及畜牧场等污染源；距离干线公路、村镇居民区

和公共场所应在1千米以上。

2.6禁止在国家和地方法律规定的水源保护区、旅游区、自然保护区等区域内建场。

### 3.总体布局

3.1肉羊场总体布局按管理区、生产区、隔离区进行布局。生产区位于管理区下风向或侧风向处，隔离区位于生产区下风向或侧风向处。

3.2生产区四周设围墙，大门出入口设值班室，人员更衣消毒室、车辆消毒池。

3.3肉羊场内羊群周转、饲养员行走、场内运送饲料的专用道路与粪便等废弃物出场的道路要严格分开，不得交叉混用。

3.4饲养工艺应符合肉羊饲养管理技术规范的规定。

### 4.羊舍建筑

4.1羊舍朝向一般为南北方向位，南北向偏东或偏西，不超过30度。

4.2羊栏应沿羊舍长轴方向呈单列或双列布置。

4.3羊床楼高必须保持离地平面0.7~1米，羊舍宽1.5~2米，漏粪板为条状，宽2~3厘米，厚3厘米，漏粪板间隙1~1.5厘米，羊舍前栏高15米，羊床前栏外部设有饲料槽和饮水装置，羊舍地面坡度30度以上，用水泥硬化。

4.4羊舍高度一般不低于2.8米。舍门宽度1.5~2.5米、高度2米左右。窗户面积一般为地面积的1/15，下缘离地面高度为1.5米。

4.5各类羊只占舍面积：种公羊4~6平方米/只，空怀母羊1~

1.2平方米/只，妊娠羊或冬季产羔母羊1.1~2平方米/只，育肥羔羊0.6~0.8平方米/只，育肥羯羊或淘汰羊0.7~0.8平方米/只。

4.6肉羊饲槽为固定统槽。饲槽内表面应光滑、耐用，用水泥、木板或钢板建造，饲槽底部为圆弧形，每个饲槽长2~3米，每只羊占饲槽长的0.3~0.5米，要求饲槽上宽30~35厘米，下宽10~15厘米，内侧深20厘米，外侧高35厘米。

4.7羊舍结构采用砖混结构或轻钢结构。羊舍围护结构应能防止动物侵入，围护材料保温隔热。羊舍内墙墙面应耐酸碱，利于消毒药液清洗消毒。

### 5.配套工程

5.1羊场要购置设备，主要包括用于饲料加工、青贮，粪便及污水处理、消防、消毒、给排水的设备。

5.2青贮窖青贮饲草量按饲养4个月需要量建设，草库干草储量按饲养5个月需要量建设。

5.3可采用水塔、蓄水池或压力罐供水，供水能力按存栏1000只羊，日供5吨设计。

5.4生产和生活污水采用暗沟排放，雨雪等自然降水采用明沟排放。

5.5电力负荷等级为民用建筑供电等级三级，自备电源的供电容量不低于全场电力负荷的1/4。

5.5建筑防火等级按民用建筑防火规范等级三级设计。

5.7沼气池的容积应根据养羊数量确定，一般来说养20只能繁母羊可建8~10立方米。

5.8场内主干道应与场外运输线路连接，其宽度为5~6米，支干道为2~3米。

6环境保护

6.1新建肉羊场必须进行环境评估，确保肉羊场建成后不污染周围环境，周围环境也不污染肉羊场环境。

6.2新建肉羊场必须与相应的粪便和污水处理设施同步建设。

6.3羊粪、尿、尸体及相关组织、垫料、过期兽药、残余疫苗、一次性使用的畜牧兽医器械及包装物和污水处理实行减量化、无害化和资源化的原则。

6.4羊粪经堆积发酵或沼气池处理后应符合GB 7959《粪便无害化卫生标准》的规定。

6.5污水经生物处理后应符合GB 18596《畜禽养殖业污染物排放标准》的规定。

6.6空气、水质、土壤等环境参数定期进行监测，并及时采取改善措施。

6.7应对空旷地带进行绿化，绿化覆盖率不低于30%。

## 五、肉羊育肥技术规范

### 1.羊场设计

1.1 场址选择应符合DB64/T 749—2012的规定。

1.2 羊场环境应符合GB/T 18407.3—2001的规定。

1.3 肉羊育肥场的布局

1.3.1 行政区、生活区应与生产区分开。行政管理区、生活区设在羊场的上风向，设在场外。兽医室、病羊舍应设在羊场下风向。产房设在靠近母羊舍的下风向。

1.3.2 饲料库、青贮池、消毒室、饲料加工调制间应设在上风向。

1.3.3 羊舍应平行整齐排列，如栋数较多，可以呈2行配置。2行羊舍距离为10~15米。

1.3.4 净道，羊群周转、饲养员行走、场内运送饲料的专用道路。污道，粪便等废弃物出场的道路。净道与污道应分开，互不交叉。

1.3.5 废物及病死畜处理区应在下风向。

1.4 羊舍建筑

1.4.1 羊舍建筑的基本要求

1.4.1.1 建筑面积

在建筑时每只育肥羊所需羊舍面积为1~2平方米，运动场面积2~3平方米。

1.4.1.2 门、窗户（采光与通风）及地面

育肥羊舍舍门尺寸为1.5米×2米；窗户面积占地面面积1/12~

1/10，舍窗的宽度为1~1.2米，高度0.5~1米，窗台离地面1~1.2米。羊舍地面应高出舍外地面20~30厘米，舍内应垫沙子。

1.4.1.3 羊舍内部环境

舍饲育肥期内羊舍每周用过氧乙酸、烧碱进行1次消毒。暖棚应不定期清扫，保持棚舍卫生干燥。寒冷季节羊入棚后应及时关闭通风口、排气孔，保持棚内温度。羊出棚前1小时应打开通风口、排气孔，达到棚内外温度相接近时，羊才可以出羊舍。

1.4.2 羊舍建筑形式应符合DB64/T 287—2004的规定。肉羊育肥舍建筑形式以半开放或暖棚式羊舍为宜。每栋羊舍适宜宽度为6m，长度依饲养规模而定；舍前设运动场，运动场面积与羊舍面积比例为（1.5∶1）~（2∶1）。

1.5 养羊设备

1.5.1 饲槽、水槽。槽的长度依羊只数量而定，每只肉羊按30厘米计算。饲槽上宽35厘米，下宽30厘米，深15厘米；水槽上宽30厘米，下宽25厘米，深20厘米。

1.5.2 药浴池。设计应符合DB64/T 287—2004的规定。池深约1.2米，长8~10米，底宽50~60厘米，上宽60~100厘米。药浴池入口一端是陡坡，在出口一端筑成台阶。

1.5.3 青贮池。应配备青贮池，青贮池的容积以能够轮流使用满足育肥肉羊的需要为宜。

1.5.4 粉碎机。应配备用于粉碎粗饲料的机械设备，粉碎机的规格大小应视羊群规模而定。

## 2. 育肥肉羊的营养与饲料

2.1 育肥肉羊常用饲料及加工技术

2.1.1 青饲料

包括青草、野菜、鲜绿茎叶等，可直接饲喂。

2.1.2 青贮饲料青贮饲料的制作应符合DB64/T 104—1994的规定。

2.1.3 粗饲料

包括干草、秸秆等，应切短至1.5~2.5厘米后饲喂。其中秸秆饲料可进行酶贮、微贮加工处理。

2.1.4 精饲料

包括籽实类、糠麸类、饼粕类及添加剂饲料。应粉碎后按肉羊营养需要和饲料配方配制。

2.2 不得饲喂发霉和变质的饲料、饲草。

## 3. 肉羊育肥生产

3.1 育肥前准备

3.1.1 检查

对计划投入的育肥羊，进行健康检查，无病者方可进行育肥。外购羊应来自非疫区，应隔离观察30天确定无疫病者方可引入生产区。

3.1.2 组群

育肥羊按月龄和体重组群，将月龄和体重相同或相近的育肥羊编为同一圈舍进行育肥。

3.1.3 公羊去势

采取摘除睾丸法，即用手术方法，挤拉出2个睾丸，割断精索，去除睾丸。

3.1.4 驱虫、防疫注射

育肥前进行体内外驱虫及接种疫苗。

3.1.5 适应性饲养

育肥羊组群后，补饲用的饲槽应设有槽栏，使其均匀采食，经1周训练即可，待完全合群并习惯采食精料后再开始育肥。

3.1.6 称重

将组群后的育肥羊逐一称重并记录，以检验育肥的效果和效益。

3.1.7 编号

为了便于科学地管理羊群，应对羊只进行编号，编号方法采取耳标法。

3.2 育肥羊舍饲育肥

3.2.1 饲喂方法

羊舍内设置饲槽和饮水器具，每天喂料2~3次，自由饮水。饲喂可采用精粗分离或全混合方式进行。以青粗饲料为主，喂少量精饲料，先喂适口性差的，后喂适口性好的，应避免过快地变换饲料种类和配方，不可在1~2天内全部改为新饲料或配方。精饲料间的变换，应新旧搭配，逐渐加大新饲料比例3~5天内全部换完。青粗饲料与精饲料的切换，一般14天换完。

3.2.2 育肥羊饲料给量

饲料和饲料原料应符合NY 5032的规定。饲料由精料和青粗饲料组成，育肥初期精料占25%~30%，青粗饲料占70%~75%。以后精料逐步增加至60%左右，青粗饲料减少到40%左右。每天投料2次，日喂量的分配与调整以饲槽内基本不剩料为标准。

3.2.3 不得在羊体内埋植或者在饲料中添加镇静剂、激素类等违禁药物，药物使用应符合NY 5030的规定。

3.2.4 育肥肉羊使用含有抗生素的添加剂时，应按《饲料和饲料添加剂管理条例》执行休药期。

3.3 育肥时间

60~100天。肉羊育肥期的长短因羊的品种、体况和年龄而异。

## 4. 羊群的防疫措施

4.1 卫生消毒

4.1.1 消毒剂

选用的消毒剂应符合NY 5030的规定。

4.1.2 消毒方法

4.1.2.1 喷雾消毒

用规定浓度的次氯酸盐、有机碘混合物、过氧乙酸、新洁尔灭、煤酚等，进行羊舍消毒、带羊环境消毒、羊场道路和周围以及进入场区的车辆消毒。

4.1.2.2 浸液消毒

用规定浓度的新洁尔灭、有机碘混合物或煤酚的水溶液，洗手、洗工作服或胶靴进行消毒。

4.1.2.3 紫外线消毒

人员入口处设紫外线灯照射至少5分钟。

4.1.2.4 喷洒消毒

在羊舍周围、入口、产房和羊床下面撒生石灰或火碱液进行消毒。

4.1.2.5 熏蒸消毒

用甲醛等对饲喂用具和器械在密闭的室内或容器内进行熏蒸

消毒。

4.1.3 消毒制度

4.1.3.1 环境消毒

羊舍周围环境定期用2%火碱或撒生石灰消毒。羊场周围及场内污染地、排粪坑、下水道出口，每月用漂白粉消毒1次，在羊场、羊舍入口设消毒池并定期更换消毒液。

4.1.3.2 人员消毒

工作人员进入生产区净道和羊舍，应更换工作服、工作鞋、并经紫外线照射5分钟进行消毒。外来人员进入生产区时，应更换场区工作服、工作鞋，经紫外线照射5分钟进行消毒，并遵守场内防疫制度，按指定路线行走。

4.1.3.3 羊舍消毒

每批羊只出栏后，应彻底清扫羊舍，采用喷雾、熏蒸消毒。

4.1.3.4 用具消毒

定期对料槽、水槽、饲料车、料桶等饲养用具进行消毒。

4.1.3.5带羊消毒

定期进行带羊消毒，减少环境中的病原微生物。

4.2 预防注射

应根据NY 5149的规定及当地羊群的流行病学特点制定免疫程序，及时进行预防接种，注射方法和剂量根据肥育肉羊体重大小按说明使用。

4.3 驱虫

抗寄生虫药的选择使用应符合NY 5030的规定。

4.3.1 体内驱虫

肝片吸虫和体内消化道线虫可用丙硫苯咪唑，用量为每千克体重15毫克，一次口服。

4.3.2 体外驱虫

常用的有阿维菌素，片剂口服用量为每千克体重5毫克，针剂为每千克体重0.025毫克，皮下注射。驱虫后1~3天，应安置羊群在经过消毒的临时羊舍内，3~4天后即可返回到经过彻底消毒的羊舍。

4.4 药浴

在无风温暖的白天进行。药浴前8小时停止喂料，药浴前2~3小时需给羊充足饮水。羊药浴后应在圈舍内休息，防止日光照射，6~8小时后即可喂草料。第1次药浴后，应隔8~14天再重复药浴1次。

4.5 休药期制度

驱虫或使用药物对病羊进行治疗时，在治疗期或达不到休药期的不得出售。

4.6 其他防疫措施

4.6.1 饲养场应设立围墙或防护沟，门口设置消毒池，非生产人员、车辆不得入内。

4.6.2 定期对羊群进行检疫。因传染病和其他需要处死的病羊，应在指定地点进行捕杀，尸体应按GB 16548的规定进行处理。

4.6.3 羊场中羊粪、尿、尸体及相关组织、垫料、过期兽药、残余疫苗、一次性使用的畜牧兽医器械及包装物和污水等废弃物应实行无害化、资源化处理，污物排放应符合GB 18596的规定。

4.6.4 定期给狗驱虫，不得给狗饲喂死羊。及时捕杀鼠类、蝇类，切断疫病传播途径。

4.6.5 对饲养员定期进行特定的人畜共患病检查，以保证饲养人员身体健康，防止疫病扩散。

# 六、畜禽养殖业污染防治技术规范

## 1.主题内容

本技术规范规定了畜禽养殖场的选址要求、场区布局与清粪工艺、畜禽粪便贮存、污水处理、固体粪肥的处理利用、饲料和饲养管理、病死畜禽尸体处理与处置、污染物监测等污染防治的基本技术要求。

## 2.技术原则

2.1 畜禽养殖场的建设应坚持农牧结合、种养平衡的原则，根据本场区土地（包括与其他法人签约承诺消纳本场区产生粪便污水的土地）对畜禽粪便的消纳能力，确定新建畜禽养殖场的养殖规模。

2.2 对于无相应消纳土地的养殖场，必须配套建立具有相应加工（处理）能力的粪便污水处理设施或处理（置）机制。

2.3 畜禽养殖场的设置应符合区域污染物排放总量控制要求。

## 3.选址要求

3.1 禁止在下列区域内建设畜禽养殖场。

3.1.1 生活饮用水水源保护区、风景名胜区、自然保护区的核心区及缓冲区。

3.1.2 城市和城镇居民区，包括文教科研区、医疗区、商业区、工业区、游览区等人口集中地区。

3.1.3 县级人民政府依法划定的禁养区域。

3.1.4 国家或地方法律、法规规定需特殊保护的其他区域。

3.2 新建、改建、扩建的畜禽养殖场选址应避开3.1规定的禁建区域，在禁建区域附近建设的，应设在3.1规定的禁建区域常年主导风向的下风向或侧风向处，场界与禁建区域边界的最小距离不得小于500米。

## 4. 场区布局与清粪工艺

4.1 新建、改建、扩建的畜禽养殖场应实现生产区、生活管理区的隔离，粪便污水处理设施和禽畜尸体焚烧炉应设在养殖场的生产区、生活管理区的常年主导风向的下风向或侧风向处。

4.2 养殖场的排水系统应实行雨水和污水收集输送系统分离，在场区内外设置的污水收集输送系统，不得采取明沟布设。

4.3 新建、改建、扩建的畜禽养殖场应采取干法清粪工艺，采取有效措施将粪及时、单独清出，不可与尿、污水混合排出，并将产生的粪渣及时运至贮存或处理场所，实现日产日清。采用水冲粪、水泡粪湿法清粪工艺的养殖场，要逐步改为干法清粪工艺。

## 5. 畜禽粪便的贮存

5.1 畜禽养殖场产生的畜禽粪便应设置专门的贮存设施，其恶臭及污染物排放应符合《畜禽养殖业污染物排放标准》。

5.2 贮存设施的位置必须远离各类功能地表水体（距离不得小于400米），并应设在养殖场的下方。

5.3 贮存设施应采取有效的防渗处理工艺，防止畜禽粪便污染地下水。

5.4 对于种养结合的养殖场，畜禽粪便贮存设施的总容积不得低于当地农林作物生产用肥的最大间隔时间内本养殖场所产生粪便的总量。

5.5 贮存设施应采取设置顶盖等防止降雨（水）进入的措施。

## 6.污水的处理

6.1 畜禽养殖过程中产生的污水应坚持种养结合的原则，经无害化处理后尽量充分还田，实现污水资源化利用。

6.2 畜禽污水经治理后向环境中排放，应符合《畜禽养殖业污染物排放标准》的规定，有地方排放标准的应执行地方排放标准。

6.2.1 污水作为灌溉用水排入农田前，必须采取有效措施进行净化处理（包括机械的、物理的、化学的和生物学的），并须符合《农田灌溉水质标准》（GB 5084—92）的要求。

在畜禽养殖场与还田利用的农田之间应建立有效的污水输送网络，通过车载或管道形式将处理（置）后的污水输送至农田，要加强管理，严格控制污水输送沿途的弃、撒和跑、冒、滴、漏。

6.2.2 畜禽养殖场污水排入农田前必须进行预处理（采用格栅、厌氧、沉淀等工艺、流程），并应配套设置田间储存池，以解决农田在非施肥期间的污水出路问题，田间储存池的总容积不得低于当地农林作物生产用肥的最大间隔时间内畜禽养殖场排放污水的总量。

6.3 对没有充足土地消纳污水的畜禽养殖场，可根据当地实际情况选用下列综合利用措施。

6.3.1 经过生物发酵后，可浓缩制成商品液体有机肥料。

6.3.2 进行沼气发酵，对沼渣、沼液应尽可能实现综合利用，同时要避免产生新的污染，沼渣及时清运至粪便贮存场所；沼液尽可能进行还田利用，不能还田利用并需外排的要进行进一步净化处理，达到排放标准。

6.3.3 沼气发酵产物应符合《粪便无害化卫生标准》（GB 7959—87）。

6.4 制取其他生物能源或进行其他类型的资源回收综合利用，要避免二次污染，并应符合《畜禽养殖业污染物排放标准》的规定。

6.5 污水的净化处理应根据养殖种类、养殖规模、清粪方式和当地的自然地理条件，选择合理、适用的污水净化处理工艺和技术路线，尽可能采用自然生物处理的方法，达到回用标准或排放标准。

6.6 污水的消毒处理提倡采用非氯化的消毒措施，要注意防止产生二次污染物。

## 7. 固体粪肥的处理利用

7.1 土地利用

7.1.1 畜禽粪便必须经过无害化处理，并且须符合《粪便无害化卫生标准》后，才能进行土地利用，禁止未经处理的畜禽粪便直接施入农田。

7.1.2 经过处理的粪肥作为土地的肥料或土壤调节剂来满足作物生长的需要，其用量不能超过作物当年生长所需养分的需求量。

在确定粪肥的最佳使用量时需要对土壤肥力和粪肥肥效进行测试评价，并应符合当地环境容量的要求。

7.1.3 对高降雨区、坡地及沙质容易产生径流和渗透性较强的土地，不适宜使用粪肥或粪肥使用量过高易使粪肥流失引起地表水或地下水污染时，应禁止或暂停使用粪肥。

7.2 对没有充足土地消纳利用粪肥的大中型畜禽养殖场和养殖小区，应建立集中处理畜禽粪便的有机肥厂或处理（置）机制。

7.2.1 固体粪肥的堆制可采用高温好氧发酵或其他适用技术和方法，以杀死其中的原菌和蛔虫卵，缩短堆制时间，实现无害化。

7.2.2 高温好氧堆制法分自然堆制发酵法和机械强化发酵法，可根据本场的具体情况选用。

## 8. 饲料和饲养管理

8.1 畜禽养殖饲料应采用合理配方，如理想蛋白质体系配方等，提高蛋白质及其他营养的吸收效率，减少氮的排放量和粪的产生量。

8.2 提倡使用微生物制剂、酶制剂和植物提取液等活性物质，减少污染物排放和恶臭气体的产生。

8.3 养殖场场区、畜禽舍、器械等消毒应采用环境友好的消毒剂和消毒措施（包括紫外、臭氧、双氧水等方法），防止产生氯代有机物及其他的二次污染物。

## 9. 病死畜禽尸体的处理与处置

9.1 病死禽畜尸体要及时处理，严禁随意丢弃，严禁出售或作为饲料再利用。

9.2 病死禽畜尸体处理应采用焚烧炉焚烧的方法，在养殖场比较集中的地区，应集中设置焚烧设施，同时焚烧产生的烟气应采取有效的净化措施，防止烟尘、一氧化碳、恶臭等对周围大气环境的污染。

9.3 不具备焚烧条件的养殖场应设置2个以上安全填埋井，填埋井应为混凝土结构，深度大于2米，直径1米，井口加盖密封。进行填埋时，在每次投入畜禽尸体后，应覆盖一层厚度大于10厘米的熟石灰，井填满后，须用黏土填埋压实并封口。

### 10. 畜禽养殖场排放污染物的监测

10.1 畜禽养殖场应安装水表，对用水实行计量管理。

10.2 畜禽养殖场每年应至少2次定期向当地环境保护行政主管部门报告污水处理设施和粪便处理设施的运行情况，提交排放污水、废气、恶臭以及粪肥的无害化指标的监测报告。

10.3 对粪便污水处理设施的水质应定期进行监测，确保达标排放。

10.4 排污口应设置国家环境保护总局统一规定的排污口标志。

### 11. 其他

养殖场防疫、化验等产生的危险废水和固体废弃物应按国家的有关规定进行处理。

# 七、饲料质量安全管理规范

（2014年1月13日农业部令2014年第一号公布，2017年11月30日农业部令2017年第八号修订）

## 第一章　总　则

第一条　为规范饲料企业生产行为，保障饲料产品质量安全，根据《饲料和饲料添加剂管理条例》，制定本规范。

第二条　本规范适用于添加剂预混合饲料、浓缩饲料、配合饲料和精料补充料生产企业（以下简称企业）。

第三条　企业应当按照本规范的要求组织生产，实现从原料采购到产品销售的全程质量安全控制。

第四条　企业应当及时收集、整理、记录本规范执行情况和生产经营状况，认真履行饲料统计义务。

有委托生产行为的，委托方和受托方应当分别向所在地省级人民政府饲料管理部门备案。

第五条　县级以上人民政府饲料管理部门应当制定年度监督检查计划，对企业实施本规范的情况进行监督检查。

## 第二章　原料采购与管理

第六条　企业应当加强对饲料原料、单一饲料、饲料添加剂、药物饲料添加剂、添加剂预混合饲料和浓缩饲料（以下简称原料）的采购管理，全面评估原料生产企业和经销商（以下简称供应商）的资质和产品质量保障能力，建立供应商评价和再评价制度，编制合格供应商名录，填写并保存供应商评价记录。

（一）供应商评价和再评价制度应当规定供应商评价及再评价流程、评价内容、评价标准、评价记录等内容。

（二）从原料生产企业采购的，供应商评价记录应当包括生产企业名称及生产地址、联系方式、许可证明文件编号（评价单一饲料、饲料添加剂、药物饲料添加剂、添加剂预混合饲料、浓缩饲料生产企业时填写）、原料通用名称及商品名称、评价内容、评价结论、评价日期、评价人等信息。

（三）从原料经销商采购的，供应商评价记录应当包括经销商名称及注册地址、联系方式、营业执照注册号、原料通用名称及商品名称、评价内容、评价结论、评价日期、评价人等信息。

（四）合格供应商名录应当包括供应商的名称、原料通用名称及商品名称、许可证明文件编号（供应商为单一饲料、饲料添加剂、药物饲料添加剂、添加剂预混合饲料、浓缩饲料生产企业时填写）、评价日期等信息。

企业统一采购原料供分支机构使用的，分支机构应当复制、保存前款规定的合格供应商名录和供应商评价记录。

第七条　企业应当建立原料采购验收制度和原料验收标准，逐批对采购的原料进行查验或者检验。

（一）原料采购验收制度应当规定采购验收流程、查验要求、检验要求、原料验收标准、不合格原料处置、查验记录等内容。

（二）原料验收标准应当规定原料的通用名称、主成分指标验收值、卫生指标验收值等内容，卫生指标验收值应当符合有关法律法规和国家、行业标准的规定。

（三）企业采购实施行政许可的国产单一饲料、饲料添加剂、药物饲料添加剂、添加剂预混合饲料、浓缩饲料的，应当逐批查验许可证明文件编号和产品质量检验合格证，填写并保存查验记录；查验记录应当包括原料通用名称、生产企业、生产日期、查验内容、查验结果、查验人等信息；无许可证明文件编号和产品质量检验合格证的，或者经查验许可证明文件编号不实的，不得接收、使用。

（四）企业采购实施登记管理的进口单一饲料、饲料添加剂、药物饲料添加剂、添加剂预混合饲料、浓缩饲料的，应当逐批查验进口登记证编号，填写并保存查验记录；查验记录应当包括原料通用名称、生产企业、生产日期、查验内容、查验结果、查验人等信息；无进口许可证明文件编号的，或者经查验进口许可证明文件编号不实的，不得接收、使用。

（五）企业采购不需行政许可的原料的，应当依据原料验收标准逐批查验供应商提供的该批原料的质量检验报告；无质量检验报告的，企业应当逐批对原料的主成分指标进行自行检验或者委托检验；不符合原料验收标准的，不得接收、使用；原料质量检验报告、自行检验结果、委托检验报告应当归档保存。

（六）企业应当每3个月至少选择5种原料，自行或者委托有资质的机构对其主要卫生指标进行检测，根据检测结果进行原料安全性评价，保存检测结果和评价报告；委托检测的，应当索取并保存受委托检测机构的计量认证或者实验室认可证书及附表复印件。

第八条　企业应当填写并保存原料进货台账，进货台账应当包括原料通用名称及商品名称、生产企业或者供货者名称、联系方式、产地、数量、生产日期、保质期、查验或者检验信息、进货日期、经办人等信息。

进货台账保存期限不得少于2年。

第九条　企业应当建立原料仓储管理制度，填写并保存出入库记录。

（一）原料仓储管理制度应当规定库位规划、堆放方式、垛位标识、库房盘点、环境要求、虫鼠防范、库房安全、出入库记录等内容。

（二）出入库记录应当包括原料名称、包装规格、生产日期、供应商简称或者代码、入库数量和日期、出库数量和日期、库存数量、保管人等信息。

第十条　企业应当按照“一垛一卡”的原则对原料实施垛位标识卡管理，垛位标识卡应当标明原料名称、供应商简称或者代码、垛位总量、已用数量、检验状态等信息。

第十一条　企业应当对维生素、微生物和酶制剂等热敏物质的贮存温度进行监控，填写并保存温度监控记录。监控记录应当包括设定温度、实际温度、监控时间、记录人等信息。

监控中发现实际温度超出设定温度范围的，应当采取有效措施及时处置。

第十二条　按危险化学品管理的亚硒酸钠等饲料添加剂的贮存间或者贮存柜应当设立清晰的警示标识，采用双人双锁管理。

第十三条　企业应当根据原料种类、库存时间、保质期、气候变化等因素建立长期库存原料质量监控制度，填写并保存监控记录。

（一）质量监控制度应当规定监控方式、监控内容、监控频次、异常情况界定、处置方式、处置权限、监控记录等内容。

（二）监控记录应当包括原料名称、监控内容、异常情况描述、处置方式、处置结果、监控日期、监控人等信息。

## 第三章　生产过程控制

第十四条　企业应当制定工艺设计文件，设定生产工艺参数。

工艺设计文件应当包括生产工艺流程图、工艺说明和生产设备清单等内容。

生产工艺应当至少设定以下参数：粉碎工艺设定筛片孔径，混合工艺设定混合时间，制粒工艺设定调质温度、蒸汽压力、环模规格、环模长径比、分级筛筛网孔径，膨化工艺设定调质温度、模板孔径。

第十五条　企业应当根据实际工艺流程，制定以下主要作业岗位操作规程。

（一）小料（指生产过程中，将微量添加的原料预先进行配料或者配料混合后获得的中间产品）配料岗位操作规程，规定小料原料的领取与核实、小料原料的放置与标识、称重电子秤校准与核查、现场清洁卫生、小料原料领取记录、小料配料记录等内容。

（二）小料预混合岗位操作规程，规定载体或者稀释剂领取、投料顺序、预混合时间、预混合产品分装与标识、现场清洁卫生、小料预混合记录等内容。

（三）小料投料与复核岗位操作规程，规定小料投放指令、小料复核、现场清洁卫生、小料投料与复核记录等内容。

（四）大料投料岗位操作规程，规定投料指令、垛位取料、感官检查、现场清洁卫生、大料投料记录等内容。

（五）粉碎岗位操作规程，规定筛片锤片检查与更换、粉碎粒度、粉碎料入仓检查、喂料器和磁选设备清理、粉碎作业记录等内容。

（六）中控岗位操作规程，规定设备开启与关闭原则、微机配料软件启动与配方核对、混合时间设置、配料误差核查、进仓原料核实、中控作业记录等内容。

（七）制粒岗位操作规程，规定设备开启与关闭原则、环模与分级筛网更换、破碎机轧距调节、制粒机润滑、调质参数监视、设备（制粒室、调质器、冷却器）清理、感官检查、现场清洁卫生、制粒作业记录等内容。

（八）膨化岗位操作规程，规定设备开启与关闭原则、调质参数监视、设备（膨化室、调质器、冷却器、干燥器）清理、感官检查、现场清洁卫生、膨化作业记录等内容。

（九）包装岗位操作规程，规定标签与包装袋领取、标签和包装袋核对、感官检查、包重校验、现场清洁卫生、包装作业记录等内容。

（十）生产线清洗操作规程，规定清洗原则、清洗实施与效果评价、清洗料的放置与标识、清洗料使用、生产线清洗记录等内容。

第十六条　企业应当根据实际工艺流程，制定生产记录表单，填写并保存相关记录。

（一）小料原料领取记录，包括小料原料名称、领用数量、领取时间、领取人等信息。

（二）小料配料记录，包括小料名称、理论值、实际称重值、配料数量、作业时间、配料人等信息。

（三）小料预混合记录，包括小料名称、重量、批次、混合时间、作业时间、操作人等信息。

（四）小料投料与复核记录，包括产品名称、接收批数、投料批数、重量复核、剩余批数、作业时间、投料人等信息。

（五）大料投料记录，包括大料名称、投料数量、感官检查、作业时间、投料人等信息。

（六）粉碎作业记录，包括物料名称、粉碎机号、筛片规格、作业时间、操作人等信息。

（七）大料配料记录，包括配方编号、大料名称、配料仓号、理论值、实际值、作业时间、配料人等信息。

（八）中控作业记录，包括产品名称、配方编号、清洗料、理论产量、成品仓号、洗仓情况、作业时间、操作人等信息。

（九）制粒作业记录，包括产品名称、制粒机号、制粒仓号、调质温度、蒸汽压力、环模孔径、环模长径比、分级筛筛网孔径、感官检查、作业时间、操作人等信息。

（十）膨化作业记录，包括产品名称、调质温度、模板孔径、膨化温度、感官检查、作业时间、操作人等信息。

（十一）包装作业记录，包括产品名称、实际产量、包装规格、包数、感官检查、头尾包数量、作业时间、操作人等信息。

（十二）标签领用记录，包括产品名称、领用数量、班次用量、损毁数量、剩余数量、领取时间、领用人等信息。

（十三）生产线清洗记录，包括班次、清洗料名称、清洗料重量、清洗过程描述、作业时间、清洗人等信息。

（十四）清洗料使用记录，包括清洗料名称、生产班次、清洗料使用情况描述、使用时间、操作人等信息。

第十七条　企业应当采取有效措施防止生产过程中的交叉污染。

（一）按照“无药物的在先、有药物的在后”原则制定生产计划。

（二）生产含有药物饲料添加剂的产品后，生产不含药物饲料添加剂或者改变所用药物饲料添加剂品种的产品的，应当对生产线进行清洗；清洗料回用的，应当明确标识并回置于同品种产品中。

（三）盛放饲料添加剂、药物饲料添加剂、添加剂预混合饲料、含有药物饲料添加剂的产品及其中间产品的器具或者包装物应当明确标识，不得交叉混用。

（四）设备应当定期清理，及时清除残存料、粉尘积垢等残留物。

第十八条　企业应当采取有效措施防止外来污染。

（一）生产车间应当配备防鼠、防鸟等设施，地面平整，无污垢积存。

（二）生产现场的原料、中间产品、返工料、清洗料、不合格品等应当分类存放，清晰标识。

（三）保持生产现场清洁，及时清理杂物。

（四）按照产品说明书规范使用润滑油、清洗剂。

（五）不得使用易碎、易断裂、易生锈的器具作为称量或者盛放用具。

（六）不得在饲料生产过程中进行维修、焊接、气割等作业。

第十九条　企业应当建立配方管理制度，规定配方的设计、审核、批准、更改、传递、使用等内容。

第二十条　企业应当建立产品标签管理制度，规定标签的设计、审核、保管、使用、销毁等内容。产品标签应当专库（柜）存放，专人管理。

第二十一条　企业应当对生产配方中添加比例小于0.2%的原料进行预混合。

第二十二条　企业应当根据产品混合均匀度要求，确定产品的最佳混合时间，填写并保存最佳混合时间实验记录。实验记录应当包括混合机编号、混合物料名称、混合次数、混合时间、检验结果、最佳混合时间、检验日期、检验人等信息。

企业应当每6个月按照产品类别（添加剂预混合饲料、配合饲料、浓缩饲料、精料补充料）进行至少1次混合均匀度验证，填写并保存混合均匀度验证记录。验证记录应当包括产品名称、混合机编号、混合时间、检验方法、检验结果、验证结论、检验日期、检验人等信息。

混合机发生故障经修复投入生产前，应当按照前款规定进行混合均匀度验证。

第二十三条　企业应当建立生产设备管理制度和档案，制定粉碎机、混合机、制粒机、膨化机、空气压缩机等关键设备操作规程，填写并保存维护保养记录和维修记录。

（一）生产设备管理制度应当规定采购与验收、档案管理、使用操作、维护保养、备品备件管理、维护保养记录、维修记录等内容。

（二）设备操作规程应当规定开机前准备、启动与关闭、操作步骤、关机后整理、日常维护保养等内容。

（三）维护保养记录应当包括设备名称、设备编号、保养项目、保养日期、保养人等信息。

（四）维修记录应当包括设备名称、设备编号、维修部位、故障描述、维修方式及效果、维修日期、维修人等信息。

（五）关键设备应当实行“一机一档”管理，档案包括基本信息表（名称、编号、规格型号、制造厂家、联系方式、安装日期、投入使用日期）、使用说明书、操作规程、维护保养记录、维修记录等内容。

第二十四条　企业应当严格执行国家安全生产相关法律法规。

生产设备、辅助系统应当处于正常工作状态；锅炉、压力容器等特种设备应当通过安全检查；计量秤、地磅、压力表等测量设备应当定期检定或者校验。

## 第四章　产品质量控制

第二十五条　企业应当建立现场质量巡查制度，填写并保存现场质量巡查记录。

（一）现场质量巡查制度应当规定巡查位点、巡查内容、巡查频次、异常情况界定、处置方式、处置权限、巡查记录等内容。

（二）现场质量巡查记录应当包括巡查位点、巡查内容、异常情况描述、处置方式、处置结果、巡查时间、巡查人等信息。

第二十六条　企业应当建立检验管理制度，规定人员资质与职责、样品抽取与检验、检验结果判定、检验报告编制与审核、产品质量检验合格证签发等内容。

第二十七条　企业应当根据产品质量标准实施出厂检验，填写并保存产品出厂检验记录；检验记录应当包括产品名称或者编号、检验项目、检验方法、计算公式中符号的含义和数值、检验结果、检验日期、检验人等信息。产品出厂检验记录保存期限不得少于2年。

第二十八条　企业应当每周从其生产的产品中至少抽取5个批次的产品自行检验下列主成分指标。

（一）维生素预混合饲料：2种以上维生素。

（二）微量元素预混合饲料：2种以上微量元素。

（三）复合预混合饲料：2种以上维生素和2种以上微量元素。

（四）浓缩饲料、配合饲料、精料补充料：粗蛋白质、粗灰分、钙、总磷。主成分指标检验记录保存期限不得少于2年。

第二十九条 企业应当根据仪器设备配置情况，建立分析天平、高温炉、干燥箱、酸度计、分光光度计、高效液相色谱仪、原子吸收分光光度计等主要仪器设备操作规程和档案，填写并保存仪器设备使用记录。

（一）仪器设备操作规程应当规定开机前准备、开机顺序、操作步骤、关机顺序、关机后整理、日常维护、使用记录等内容。

（二）仪器设备使用记录应当包括仪器设备名称、型号或者编号、使用日期、样品名称或者编号、检验项目、开始时间、完毕时间、仪器设备运行前后状态、使用人等信息。

（三）仪器设备应当实行“一机一档”管理，档案包括仪器基本信息表（名称、编号、型号、制造厂家、联系方式、安装日期、投入使用日期）、使用说明书、购置合同、操作规程、使用记录等内容。

第三十条 企业应当建立化学试剂和危险化学品管理制度，规定采购、贮存要求、出入库、使用、处理等内容。

化学试剂、危险化学品以及试验溶液的使用，应当遵循GB/T 601、GB/T 602、GB/T 603以及检验方法标准的要求。

企业应当填写并保存危险化学品出入库记录，记录应当包括危险化学品名称、入库数量和日期、出库数量和日期、保管人等信息。

第三十一条 企业应当每年选择5个检验项目，采取以下1项或者多项措施进行检验能力验证，对验证结果进行评价并编制评价报告。

（一）同具有法定资质的检验机构进行检验比对。

（二）利用购买的标准物质或者高纯度化学试剂进行检验验证。

（三）在实验室内部进行不同人员、不同仪器的检验比对。

（四）对曾经检验过的留存样品进行再检验。

（五）利用检验质量控制图等数理统计手段识别异常数据。

第三十二条　企业应当建立产品留样观察制度，对每批次产品实施留样观察，填写并保存留样观察记录。

（一）留样观察制度应当规定留样数量、留样标识、贮存环境、观察内容、观察频次、异常情况界定、处置方式、处置权限、到期样品处理、留样观察记录等内容。

（二）留样观察记录应当包括产品名称或者编号、生产日期或批号、保质截止日期、观察内容、异常情况描述、处置方式、处置结果、观察日期、观察人等信息。留样保存时间应当超过产品保质期1个月。

第三十三条　企业应当建立不合格品管理制度，填写并保存不合格品处置记录。

（一）不合格品管理制度应当规定不合格品的界定、标识、贮存、处置方式、处置权限、处置记录等内容。

（二）不合格品处置记录应当包括不合格品的名称、数量、不合格原因、处置方式、处置结果、处置日期、处置人等信息。

## 第五章　产品贮存和运输

第三十四条　企业应当建立产品仓储管理制度，填写并保存出入库记录。

（一）仓储管理制度应当规定库位规划、堆放方式、垛位标识、库房盘点、环境要求、虫鼠防范、库房安全、出入库记录等内容。

（二）出入库记录应当包括产品名称、规格或者等级、生产日期、入库数量和日期、出库数量和日期、库存数量、保管人等信息。

（三）不同产品的垛位之间应当保持适当距离。

（四）不合格产品和过期产品应当隔离存放并有清晰标识。

第三十五条　企业应当在产品装车前对运输车辆的安全、卫生状况实施检查。

第三十六条　企业使用罐装车运输产品的，应当专车专用，并随车附具产品标签和产品质量检验合格证。装运不同产品时，应当对罐体进行清理。

第三十七条　企业应当填写并保存产品销售台账。销售台账应当包括产品的名称、数量、生产日期、生产批次、质量检验信息、购货者名称及其联系方式、销售日期等信息。销售台账保存期限不得少于2年。

## 第六章　产品投诉与召回

第三十八条　企业应当建立客户投诉处理制度，填写并保存客户投诉处理记录。

（一）投诉处理制度应当规定投诉受理、处理方法、处理权限、投诉处理记录等内容。

（二）投诉处理记录应当包括投诉日期、投诉人姓名和地址、产品名称、生产日期、投诉内容、处理结果、处理日期、处理人等信息。

第三十九条　企业应当建立产品召回制度，填写并保存召回记录。

（一）召回制度应当规定召回流程、召回产品的标识和贮存、召回记录等内容。

（二）召回记录应当包括产品名称、召回产品使用者、召回数量、召回日期等信息。

企业应当每年至少进行1次产品召回模拟演练，综合评估演练结果并编制模拟演练总结报告。

第四十条　企业应当在饲料管理部门的监督下对召回产品进行无害化处理或者销毁，填写并保存召回产品处置记录。处置记录应当包括处置产品名称、数量、处置方式、处置日期、处置人、监督人等信息。

## 第七章　培训、卫生和记录管理

第四十一条　企业应当建立人员培训制度，制定年度培训计划，每年对员工进行至少2次饲料质量安全知识培训，填写并保存培训记录。

（一）人员培训制度应当规定培训范围、培训内容、培训方式、考核方式、效果评价、培训记录等内容。

（二）培训记录应当包括培训对象、内容、师资、日期、地点、考核方式、考核结果等信息。

第四十二条　厂区环境卫生应当符合国家有关规定。

第四十三条　企业应当建立记录管理制度，规定记录表单的编制、格式、编号、审批、印发、修订、填写、存档、保存期限等内容。

除本规范中明确规定保存期限的记录外，其他记录保存期限不得少于1年。

## 第八章　附　则

第四十四条　本规范自2015年7月1日起施行。

# 八、兽药管理条例

（2004年4月9日国务院令第404号公布。根据2014年7月29日《国务院关于修改部分行政法规的决定》第一次修订。根据2016年2月6日《国务院关于修改部分行政法规的决定》第二次修订。根据2020年3月27日《国务院关于修改和废止部分行政法规的决定》第三次修订）

## 第一章　总　则

第一条　为了加强兽药管理，保证兽药质量，防治动物疾病，促进养殖业的发展，维护人体健康，制定本条例。

第二条　在中华人民共和国境内从事兽药的研制、生产、经营、进出口、使用和监督管理，应当遵守本条例。

第三条　国务院兽医行政管理部门负责全国的兽药监督管理工作。县级以上地方人民政府兽医行政管理部门负责本行政区域内的兽药监督管理工作。

第四条　国家实行兽用处方药和非处方药分类管理制度。兽用处方药和非处方药分类管理的办法和具体实施步骤，由国务院兽医行政管理部门规定。

第五条　国家实行兽药储备制度。

发生重大动物疫情、灾情或者其他突发事件时，国务院兽医行政管理部门可以紧急调用国家储备的兽药；必要时，也可以调用国家储备以外的兽药。

## 第二章　新兽药研制

第六条　国家鼓励研制新兽药，依法保护研制者的合法权益。

第七条　研制新兽药，应当具有与研制相适应的场所、仪器设备、专业技术人员、安全管理规范和措施。

研制新兽药，应当进行安全性评价。从事兽药安全性评价的单位，应当经国务院兽医行政管理部门认定，并遵守兽药非临床研究质量管理规范和兽药临床试验质量管理规范。

第八条　研制新兽药，应当在临床试验前向临床试验场所所在地省、自治区、直辖市人民政府兽医行政管理部门备案，并附具该新兽药实验室阶段安全性评价报告及其他临床前研究资料。

研制的新兽药属于生物制品的，应当在临床试验前向国务院兽医行政管理部门提出申请，国务院兽医行政管理部门应当自收到申请之日起60个工作日内将审查结果书面通知申请人。

研制新兽药需要使用一类病原微生物的，还应当具备国务院兽医行政管理部门规定的条件，并在实验室阶段前报国务院兽医行政管理部门批准。

第九条　临床试验完成后，新兽药研制者向国务院兽医行政管理部门提出新兽药注册申请时，应当提交该新兽药的样品和下列资料。

（一）名称、主要成分、理化性质。

（二）研制方法、生产工艺、质量标准和检测方法。

（三）药理和毒理试验结果、临床试验报告和稳定性试验报告。

（四）环境影响报告和污染防治措施。

研制的新兽药属于生物制品的，还应当提供菌（毒、虫）种、细胞等有关材料和资料。菌（毒、虫）种、细胞由国务院兽医行政管理部门指定的机构保藏。

研制用于食用动物的新兽药，还应当按照国务院兽医行政管理部门的规定进行兽药残留试验并提供休药期、最高残留限量标准、残留检测方法及其制定依据等资料。

国务院兽医行政管理部门应当自收到申请之日起10个工作日内，将决定受理的新兽药资料送其设立的兽药评审机构进行评审，将新兽药样品送其指定的检验机构复核检验，并自收到评审和复核检验结论之日起60个工作日内完成审查。审查合格的，发给新兽药注册证书，并发布该兽药的质量标准；不合格的，应当书面通知申请人。

第十条　国家对依法获得注册的、含有新化合物的兽药的申请人提交的其自己所取得且未披露的试验数据和其他数据实施保护。

自注册之日起6年内，对其他申请人未经已获得注册兽药的申请人同意，使用前款规定的数据申请兽药注册的，兽药注册机关不予注册；但是，其他申请人提交其自己所取得的数据的除外。

除下列情况外，兽药注册机关不得披露本条第一款规定的数据。

（一）公共利益需要。

（二）已采取措施确保该类信息不会被不正当地进行商业使用。

## 第三章　兽药生产

第十一条　从事兽药生产的企业，应当符合国家兽药行业发展规划和产业政策，并具备下列条件。

（一）与所生产的兽药相适应的兽医学、药学或者相关专业的技术人员。

（二）与所生产的兽药相适应的厂房、设施。

（三）与所生产的兽药相适应的兽药质量管理和质量检验的机构、人员、仪器设备。

（四）符合安全、卫生要求的生产环境。

（五）兽药生产质量管理规范规定的其他生产条件。

符合前款规定条件的，申请人方可向省、自治区、直辖市人民政府兽医行政管理部门提出申请，并附具符合前款规定条件的证明材料；省、自治区、直辖市人民政府兽医行政管理部门应当自收到申请之日起40个工作日内完成审查。经审查合格的，发给兽药生产许可证；不合格的，应当书面通知申请人。

第十二条　兽药生产许可证应当载明生产范围、生产地点、有效期和法定代表人姓名、住址等事项。

兽药生产许可证有效期为5年。有效期届满，需要继续生产兽药的，应当在许可证有效期届满前6个月到发证机关申请换发兽药生产许可证。

第十三条　兽药生产企业变更生产范围、生产地点的，应当依照本条例第十一条的规定申请换发兽药生产许可证；变更企业名称、法定代表人的，应当在办理工商变更登记手续后15个工作日内，到发证机关申请换发兽药生产许可证。

第十四条　兽药生产企业应当按照国务院兽医行政管理部门制定的兽药生产质量管理规范组织生产。

省级以上人民政府兽医行政管理部门，应当对兽药生产企业是否符合兽药生产质量管理规范的要求进行监督检查，并公布检查结果。

第十五条　兽药生产企业生产兽药，应当取得国务院兽医行政管理部门核发的产品批准文号，产品批准文号的有效期为5年。兽药产品批准文号的核发办法由国务院兽医行政管理部门制定。

第十六条　兽药生产企业应当按照兽药国家标准和国务院兽医行政管理部门批准的生产工艺进行生产。兽药生产企业改变影响兽药质量的生产工艺的，应当报原批准部门审核批准。

兽药生产企业应当建立生产记录，生产记录应当完整、准确。

第十七条　生产兽药所需的原料、辅料，应当符合国家标准或者所生产兽药的质量要求。

直接接触兽药的包装材料和容器应当符合药用要求。

第十八条　兽药出厂前应当经过质量检验，不符合质量标准的不得出厂。

兽药出厂应当附有产品质量合格证。

禁止生产假、劣兽药。

第十九条　兽药生产企业生产的每批兽用生物制品，在出厂前应当由国务院兽医行政管理部门指定的检验机构审查核对，并在必要时进行抽查检验；未经审查核对或者抽查检验不合格的，不得销售。

强制免疫所需兽用生物制品，由国务院兽医行政管理部门指定的企业生产。

第二十条　兽药包装应当按照规定印有或者贴有标签，附具说明书，并在显著位置注明“兽用”字样。

兽药的标签和说明书经国务院兽医行政管理部门批准并公布后，方可使用。

兽药的标签或者说明书，应当以中文注明兽药的通用名称、成分及其含量、规格、生产企业、产品批准文号（进口兽药注册证号）、产品批号、生产日期、有效期、适应证或者功能主治、用法、用量、休药期、禁忌、不良反应、注意事项、运输贮存保管条件及其他应当说明的内容。有商品名称的，还应当注明商品名称。

除前款规定的内容外，兽用处方药的标签或者说明书还应当印有国务院兽医行政管理部门规定的警示内容，其中兽用麻醉药品、精神药品、毒性药品和放射性药品还应当印有国务院兽医行政管理部门规定的特殊标志；兽用非处方药的标签或者说明书还应当印有国务院兽医行政管理部门规定的非处方药标志。

第二十一条　国务院兽医行政管理部门，根据保证动物产品质量安全和人体健康的需要，可以对新兽药设立不超过5年的监测期；在监测期内，不得批准其他企业生产或者进口该新兽药。生产企业应当在监测期内收集该新兽药的疗效、不良反应等资料，并及时报送国务院兽医行政管理部门。

## 第四章　兽药经营

第二十二条　经营兽药的企业，应当具备下列条件。

（一）与所经营的兽药相适应的兽药技术人员。

（二）与所经营的兽药相适应的营业场所、设备、仓库设施。

（三）与所经营的兽药相适应的质量管理机构或者人员。

（四）兽药经营质量管理规范规定的其他经营条件。

符合前款规定条件的，申请人方可向市、县人民政府兽医行政管理部门提出申请，并附具符合前款规定条件的证明材料；经营兽用生物制品的，应当向省、自治区、直辖市人民政府兽医行政管理部门提出申请，并附具符合前款规定条件的证明材料。

县级以上地方人民政府兽医行政管理部门，应当自收到申请之日起30个工作日内完成审查。审查合格的，发给兽药经营许可证；不合格的，应当书面通知申请人。

第二十三条 兽药经营许可证应当载明经营范围、经营地点、有效期和法定代表人姓名、住址等事项。

兽药经营许可证有效期为5年。有效期届满，需要继续经营兽药的，应当在许可证有效期届满前6个月到发证机关申请换发兽药经营许可证。

第二十四条 兽药经营企业变更经营范围、经营地点的，应当依照本条例第二十二条的规定申请换发兽药经营许可证；变更企业名称、法定代表人的，应当在办理工商变更登记手续后15个工作日内，到发证机关申请换发兽药经营许可证。

第二十五条 兽药经营企业，应当遵守国务院兽医行政管理部门制定的兽药经营质量管理规范。

县级以上地方人民政府兽医行政管理部门，应当对兽药经营企业是否符合兽药经营质量管理规范的要求进行监督检查，并公布检查结果。

第二十六条 兽药经营企业购进兽药，应当将兽药产品与产品标签或者说明书、产品质量合格证核对无误。

第二十七条 兽药经营企业，应当向购买者说明兽药的功能主治、用法、用量和注意事项。销售兽用处方药的，应当遵守兽用处方药管理办法。

兽药经营企业销售兽用中药材的，应当注明产地。

禁止兽药经营企业经营人用药品和假、劣兽药。

第二十八条 兽药经营企业购销兽药，应当建立购销记录。购销记录应当载明兽药的商品名称、通用名称、剂型、规格、批号、有效期、生产厂商、购销单位、购销数量、购销日期和国务院兽医行政管理部门规定的其他事项。

第二十九条　兽药经营企业，应当建立兽药保管制度，采取必要的冷藏、防冻、防潮、防虫、防鼠等措施，保持所经营兽药的质量。

兽药入库、出库，应当执行检查验收制度，并有准确记录。

第三十条　强制免疫所需兽用生物制品的经营，应当符合国务院兽医行政管理部门的规定。

第三十一条　兽药广告的内容应当与兽药说明书内容相一致，在全国重点媒体发布兽药广告的，应当经国务院兽医行政管理部门审查批准，取得兽药广告审查批准文号。在地方媒体发布兽药广告的，应当经省、自治区、直辖市人民政府兽医行政管理部门审查批准，取得兽药广告审查批准文号；未经批准的，不得发布。

## 第五章　兽药进出口

第三十二条　首次向中国出口的兽药，由出口方驻中国境内的办事机构或者其委托的中国境内代理机构向国务院兽医行政管理部门申请注册，并提交下列资料和物品。

（一）生产企业所在国家（地区）兽药管理部门批准生产、销售的证明文件。

（二）生产企业所在国家（地区）兽药管理部门颁发的符合兽药生产质量管理规范的证明文件。

（三）兽药的制造方法、生产工艺、质量标准、检测方法、药理和毒理试验结果、临床试验报告、稳定性试验报告及其他相关资料；用于食用动物的兽药的休药期、最高残留限量标准、残留检测方法及其制定依据等资料。

（四）兽药的标签和说明书样本。

（五）兽药的样品、对照品、标准品。

（六）环境影响报告和污染防治措施。

（七）涉及兽药安全性的其他资料。

申请向中国出口兽用生物制品的，还应当提供菌（毒、虫）种、细胞等有关材料和资料。

第三十三条　国务院兽医行政管理部门，应当自收到申请之日起10个工作日内组织初步审查。经初步审查合格的，应当将决定受理的兽药资料送其设立的兽药评审机构进行评审，将该兽药样品送其指定的检验机构复核检验，并自收到评审和复核检验结论之日起60个工作日内完成审查。经审查合格的，发给进口兽药注册证书，并发布该兽药的质量标准；不合格的，应当书面通知申请人。

在审查过程中，国务院兽医行政管理部门可以对向中国出口兽药的企业是否符合兽药生产质量管理规范的要求进行考查，并有权要求该企业在国务院兽医行政管理部门指定的机构进行该兽药的安全性和有效性试验。

国内急需兽药、少量科研用兽药或者注册兽药的样品、对照品、标准品的进口，按照国务院兽医行政管理部门的规定办理。

第三十四条　进口兽药注册证书的有效期为5年。有效期届满，需要继续向中国出口兽药的，应当在有效期届满前6个月到发证机关申请再注册。

第三十五条　境外企业不得在中国直接销售兽药。境外企业在中国销售兽药，应当依法在中国境内设立销售机构或者委托符合条件的中国境内代理机构。

进口在中国已取得进口兽药注册证书的兽药的，中国境内代理机构凭进口兽药注册证书到口岸所在地人民政府兽医行政管理部门办理进口兽药通关单。海关凭进口兽药通关单放行。兽药进口管理办法由国务院兽医行政管理部门会同海关总署制定。

兽用生物制品进口后，应当依照本条例第十九条的规定进行审查核对和抽查检验。其他兽药进口后，由当地兽医行政管理部门通知兽药检验机构进行抽查检验。

第三十六条　禁止进口下列兽药。

（一）药效不确定、不良反应大以及可能对养殖业、人体健康造成危害或者存在潜在风险的。

（二）来自疫区可能造成疫病在中国境内传播的兽用生物制品。

（三）经考查生产条件不符合规定的。

（四）国务院兽医行政管理部门禁止生产、经营和使用的。

第三十七条　向中国境外出口兽药，进口方要求提供兽药出口证明文件的，国务院兽医行政管理部门或者企业所在地的省、自治区、直辖市人民政府兽医行政管理部门可以出具出口兽药证明文件。

国内防疫急需的疫苗，国务院兽医行政管理部门可以限制或者禁止出口。

## 第六章　兽药使用

第三十八条　兽药使用单位，应当遵守国务院兽医行政管理部门制定的兽药安全使用规定，并建立用药记录。

第三十九条　禁止使用假、劣兽药以及国务院兽医行政管理部门规定禁止使用的药品和其他化合物。禁止使用的药品和其他化合物目录由国务院兽医行政管理部门制定公布。

第四十条　有休药期规定的兽药用于食用动物时，饲养者应当向购买者或者屠宰者提供准确、真实的用药记录；购买者或者屠宰者应当确保动物及其产品在用药期、休药期内不被用于食品消费。

第四十一条　国务院兽医行政管理部门，负责制定公布在饲料中允许添加的药物饲料添加剂品种目录。

禁止在饲料和动物饮用水中添加激素类药品和国务院兽医行政管理部门规定的其他禁用药品。

经批准可以在饲料中添加的兽药，应当由兽药生产企业制成药物饲料添加剂后方可添加。禁止将原料药直接添加到饲料及动物饮用水中或者直接饲喂动物。

禁止将人用药品用于动物。

第四十二条　国务院兽医行政管理部门，应当制定并组织实施国家动物及动物产品兽药残留监控计划。

县级以上人民政府兽医行政管理部门，负责组织对动物产品中兽药残留量的检测。兽药残留检测结果，由国务院兽医行政管理部门或者省、自治区、直辖市人民政府兽医行政管理部门按照权限予以公布。

动物产品的生产者、销售者对检测结果有异议的，可以自收到检测结果之日起7个工作日内向组织实施兽药残留检测的兽医行政管理部门或者其上级兽医行政管理部门提出申请，由受理申请的兽医行政管理部门指定检验机构进行复检。

兽药残留限量标准和残留检测方法，由国务院兽医行政管理部门制定发布。

第四十三条　禁止销售含有违禁药物或者兽药残留量超过标准的食用动物产品。

## 第七章　兽药监督管理

第四十四条　县级以上人民政府兽医行政管理部门行使兽药监督管理权。

兽药检验工作由国务院兽医行政管理部门和省、自治区、直辖市人民政府兽医行政管理部门设立的兽药检验机构承担。国务院兽医行政管理部门，可以根据需要认定其他检验机构承担兽药检验工作。

当事人对兽药检验结果有异议的，可以自收到检验结果之日起7个工作日内向实施检验的机构或者上级兽医行政管理部门设立的检验机构申请复检。

第四十五条　兽药应当符合兽药国家标准。

国家兽药典委员会拟定的、国务院兽医行政管理部门发布的《中华人民共和国兽药典》和国务院兽医行政管理部门发布的其他兽药质量标准为兽药国家标准。

兽药国家标准的标准品和对照品的标定工作由国务院兽医行政管理部门设立的兽药检验机构负责。

第四十六条　兽医行政管理部门依法进行监督检查时，对有证据证明可能是假、劣兽药的，应当采取查封、扣押的行政强制措施，并自采取行政强制措施之日起7个工作日内作出是否立案的决定；需要检验的，应当自检验报告书发出之日起15个工作日内作出是否立案的决定；不符合立案条件的，应当解除行政强制措施；需要暂停生产的，由国务院兽医行政管理部门或者省、自治区、直辖市人民政府兽医行政管理部门按照权限作出决定；需要暂停经营、使用的，由县级以上人民政府兽医行政管理部门按照权限作出决定。

未经行政强制措施决定机关或者其上级机关批准，不得擅自转移、使用、销毁、销售被查封或者扣押的兽药及有关材料。

第四十七条　有下列情形之一的，为假兽药。

（一）以非兽药冒充兽药或者以他种兽药冒充此种兽药的。

（二）兽药所含成分的种类、名称与兽药国家标准不符合的。

有下列情形之一的，按照假兽药处理。

（一）国务院兽医行政管理部门规定禁止使用的。

（二）依照本条例规定应当经审查批准而未经审查批准即生产、进口的，或者依照本条例规定应当经抽查检验、审查核对而未经抽查检验、审查核对即销售、进口的。

（三）变质的。

（四）被污染的。

（五）所标明的适应证或者功能主治超出规定范围的。

第四十八条　有下列情形之一的，为劣兽药。

（一）成分含量不符合兽药国家标准或者不标明有效成分的。

（二）不标明或者更改有效期或者超过有效期的。

（三）不标明或者更改产品批号的。

（四）其他不符合兽药国家标准，但不属于假兽药的。

第四十九条　禁止将兽用原料药拆零销售或者销售给兽药生产企业以外的单位和个人。

禁止未经兽医开具处方销售、购买、使用国务院兽医行政管理部门规定实行处方药管理的兽药。

第五十条　国家实行兽药不良反应报告制度。

兽药生产企业、经营企业、兽药使用单位和开具处方的兽医人员发现可能与兽药使用有关的严重不良反应，应当立即向所在地人民政府兽医行政管理部门报告。

第五十一条　兽药生产企业、经营企业停止生产、经营超过6个月或者关闭的，由发证机关责令其交回兽药生产许可证、兽药经营许可证。

第五十二条　禁止买卖、出租、出借兽药生产许可证、兽药经营许可证和兽药批准证明文件。

第五十三条　兽药评审检验的收费项目和标准，由国务院财政部门会同国务院价格主管部门制定，并予以公告。

第五十四条　各级兽医行政管理部门、兽药检验机构及其工作人员，不得参与兽药生产、经营活动，不得以其名义推荐或者监制、监销兽药。

## 第八章　法律责任

第五十五条　兽医行政管理部门及其工作人员利用职务上的便利收取他人财物或者谋取其他利益，对不符合法定条件的单位和个人核发许可证、签署审查同意意见，不履行监督职责，或者发现违法行为不予查处，造成严重后果，构成犯罪的，依法追究刑事责任；尚不构成犯罪的，依法给予行政处分。

第五十六条　违反本条例规定，无兽药生产许可证、兽药经营许可证生产、经营兽药的，或者虽有兽药生产许可证、兽药经营许可证，生产、经营假、劣兽药的，或者兽药经营企业经营人用药品的，责令其停止生产、经营，没收用于违法生产的原料、辅料、包装材料及生产、经营的兽药和违法所得，并处违法生产、经营的兽药（包括已出售的和未出售的兽药，下同）货值金额2倍以上5倍以下罚款，货值金额无法查证核实的，处10万元以上20万元以下罚款；无兽药生产许可证生产兽药，情节严重的，没收其生产设备；生产、经营假、劣兽药，情节严重的，吊销兽药生产许可证、兽药经营许可证；构成犯罪的，依法追究刑事责任；给他人造成损失的，依法承担赔偿责任。生产、经营企业的主要负责人和直接负责的主管人员终身不得从事兽药的生产、经营活动。

擅自生产强制免疫所需兽用生物制品的，按照无兽药生产许可证生产兽药处罚。

第五十七条　违反本条例规定，提供虚假的资料、样品或者采取其他欺骗手段取得兽药生产许可证、兽药经营许可证或者兽药批准证明文件的，吊销兽药生产许可证、兽药经营许可证或者撤销兽药批准证明文件，并处5万元以上10万元以下罚款；给他人造成损失的，依法承担赔偿责任。其主要负责人和直接负责的主管人员终身不得从事兽药的生产、经营和进出口活动。

第五十八条　买卖、出租、出借兽药生产许可证、兽药经营许可证和兽药批准证明文件的，没收违法所得，并处1万元以上10万元以下罚款；情节严重的，吊销兽药生产许可证、兽药经营许可证或者撤销兽药批准证明文件；构成犯罪的，依法追究刑事责任；给他人造成损失的，依法承担赔偿责任。

第五十九条　违反本条例规定，兽药安全性评价单位、临床试验单位、生产和经营企业未按照规定实施兽药研究试验、生产、经营质量管理规范的，给予警告，责令其限期改正；逾期不改正的，责令停止兽药研究试验、生产、经营活动，并处5万元以下罚款；情节严重的，吊销兽药生产许可证、兽药经营许可证；给他人造成损失的，依法承担赔偿责任。

违反本条例规定，研制新兽药不具备规定的条件擅自使用一类病原微生物或者在实验室阶段前未经批准的，责令其停止实验，并处5万元以上10万元以下罚款；构成犯罪的，依法追究刑事责任；给他人造成损失的，依法承担赔偿责任。

违反本条例规定，开展新兽药临床试验应当备案而未备案的，责令其立即改正，给予警告，并处5万元以上10万元以下罚款；给他人造成损失的，依法承担赔偿责任。

第六十条　违反本条例规定，兽药的标签和说明书未经批准的，责令其限期改正；逾期不改正的，按照生产、经营假兽药处罚；有兽药产品批准文号的，撤销兽药产品批准文号；给他人造成损失的，依法承担赔偿责任。

兽药包装上未附有标签和说明书，或者标签和说明书与批准的内容不一致的，责令其限期改正；情节严重的，依照前款规定处罚。

第六十一条　违反本条例规定，境外企业在中国直接销售兽药的，责令其限期改正，没收直接销售的兽药和违法所得，并处5万元以上10万元以下罚款；情节严重的，吊销进口兽药注册证书；给他人造成损失的，依法承担赔偿责任。

第六十二条　违反本条例规定，未按照国家有关兽药安全使用规定使用兽药的、未建立用药记录或者记录不完整真实的，或者使用禁止使用的药品和其他化合物的，或者将人用药品用于动物的，责令其立即改正，并对饲喂了违禁药物及其他化合物的动物及其产品进行无害化处理；对违法单位处1万元以上5万元以下罚款；给他人造成损失的，依法承担赔偿责任。

第六十三条　违反本条例规定，销售尚在用药期、休药期内的动物及其产品用于食品消费的，或者销售含有违禁药物和兽药残留超标的动物产品用于食品消费的，责令其对含有违禁药物和兽药残留超标的动物产品进行无害化处理，没收违法所得，并处3万元以上10万元以下罚款；构成犯罪的，依法追究刑事责任；

给他人造成损失的，依法承担赔偿责任。

第六十四条　违反本条例规定，擅自转移、使用、销毁、销售被查封或者扣押的兽药及有关材料的，责令其停止违法行为，给予警告，并处5万元以上10万元以下罚款。

第六十五条　违反本条例规定，兽药生产企业、经营企业、兽药使用单位和开具处方的兽医人员发现可能与兽药使用有关的严重不良反应，不向所在地人民政府兽医行政管理部门报告的，给予警告，并处5000元以上1万元以下罚款。

生产企业在新兽药监测期内不收集或者不及时报送该新兽药的疗效、不良反应等资料的，责令其限期改正，并处1万元以上5万元以下罚款；情节严重的，撤销该新兽药的产品批准文号。

第六十六条　违反本条例规定，未经兽医开具处方销售、购买、使用兽用处方药的，责令其限期改正，没收违法所得，并处5万元以下罚款；给他人造成损失的，依法承担赔偿责任。

第六十七条　违反本条例规定，兽药生产、经营企业把原料药销售给兽药生产企业以外的单位和个人的，或者兽药经营企业拆零销售原料药的，责令其立即改正，给予警告，没收违法所得，并处2万元以上5万元以下罚款；情节严重的，吊销兽药生产许可证、兽药经营许可证；给他人造成损失的，依法承担赔偿责任。

第六十八条　违反本条例规定，在饲料和动物饮用水中添加激素类药品和国务院兽医行政管理部门规定的其他禁用药品，依照《饲料和饲料添加剂管理条例》的有关规定处罚；直接将原料药添加到饲料及动物饮用水中，或者饲喂动物的，责令其立即改正，并处1万元以上3万元以下罚款；给他人造成损失的，依法承担赔偿责任。

第六十九条　有下列情形之一的，撤销兽药的产品批准文号或者吊销进口兽药注册证书。

（一）抽查检验连续2次不合格的。

（二）药效不确定、不良反应大以及可能对养殖业、人体健康造成危害或者存在潜在风险的。

（三）国务院兽医行政管理部门禁止生产、经营和使用的兽药。

被撤销产品批准文号或者被吊销进口兽药注册证书的兽药，不得继续生产、进口、经营和使用。已经生产、进口的，由所在地兽医行政管理部门监督销毁，所需费用由违法行为人承担；给他人造成损失的，依法承担赔偿责任。

第七十条　本条例规定的行政处罚由县级以上人民政府兽医行政管理部门决定；其中吊销兽药生产许可证、兽药经营许可证，撤销兽药批准证明文件或者责令停止兽药研究试验的，由发证、批准、备案部门决定。

上级兽医行政管理部门对下级兽医行政管理部门违反本条例的行政行为，应当责令限期改正；逾期不改正的，有权予以改变或者撤销。

第七十一条　本条例规定的货值金额以违法生产、经营兽药的标价计算；没有标价的，按照同类兽药的市场价格计算。

## 第九章　附　则

第七十二条　本条例下列用语的含义是。

（一）兽药，是指用于预防、治疗、诊断动物疾病或者有目的地调节动物生理机能的物质（含药物饲料添加剂），主要包括：血清制品、疫苗、诊断制品、微生态制品、中药材、中成药、化学药品、抗生素、生化药品、放射性药品及外用杀虫剂、消毒剂等。

（二）兽用处方药，是指凭兽医处方方可购买和使用的兽药。

（三）兽用非处方药，是指由国务院兽医行政管理部门公布的、不需要凭兽医处方就可以自行购买并按照说明书使用的兽药。

（四）兽药生产企业，是指专门生产兽药的企业和兼产兽药的企业，包括从事兽药分装的企业。

（五）兽药经营企业，是指经营兽药的专营企业或者兼营企业。

（六）新兽药，是指未曾在中国境内上市销售的兽用药品。

（七）兽药批准证明文件，是指兽药产品批准文号、进口兽药注册证书、出口兽药证明文件、新兽药注册证书等文件。

第七十三条　兽用麻醉药品、精神药品、毒性药品和放射性药品等特殊药品，依照国家有关规定管理。

第七十四条　水产养殖中的兽药使用、兽药残留检测和监督管理以及水产养殖过程中违法用药的行政处罚，由县级以上人民政府渔业主管部门及其所属的渔政监督管理机构负责。

第七十五条　本条例自2004年11月1日起施行。

# 参考文献

[1]全国畜牧总站.肉羊标准化养殖技术图册[M].北京:中国农业科学技术出版社,2012.

[2]全国畜牧总站.全混合日粮实用技术[M].北京:中国农业科学技术出版社,2011.

[3]赵国琳.甘肃省地方畜禽品种资源[M].兰州:甘肃科学技术出版社,2012.

[4]王汝富.秸秆饲料化利用技术[M].兰州:甘肃科技技术出版社,2014.

[5]赵有璋.羊生产学[M].北京:中国农业出版社,2002.

[6]贺春贵.临夏牛业[M].兰州:甘肃科学技术出版社,2011.

[7]李发弟,马友记.肉羊养殖技术[M].兰州:甘肃科学技术出版社,2016.

[8]马友记.北方养羊新技术[M].北京:化学工业出版社,2019.

[9]李永智.牛羊标准化养殖技术[M].兰州:甘肃科学技术出版社,2015.